普通高等教育食品科学与工程类“十二五”规划实验教材

食品工程综合实验

于殿宇　主编

中 国 林 业 出 版 社

内容简介

本书主要讲解了食品工程相关实验的基本知识以及多个基本单元操作，几乎涵盖食品工程领域所涉及的主要单元操作内容，并且多个实验项目涉及自动化控制和计算机数据采集领域。本书集中了多种当前较为前沿的食品工程实验操作内容，超临界流体萃取技术、挤压膨化技术、超微粉碎等，编入了计算机处理实验数据的相关内容，可以使学生掌握多种食品工程领域的计算机控制。

本书是实践性与工程性很强的教学指导书，既适用于食品科学与工程及相关专业高年级本科生的学习，也可作为相关学科工程技术人员及工程硕士研究生的参考用书。

图书在版编目（CIP）数据

食品工程综合实验/于殿宇主编．—北京：中国林业出版社，2014.11（2023.2 重印）
普通高等教育食品科学与工程类“十二五”规划实验教材
ISBN 978-7-5038-7574-8

Ⅰ.①食…　Ⅱ.①于…　Ⅲ.①食品工程学－实验－高等学校－教材　Ⅳ.①TS201.1-33

中国版本图书馆 CIP 数据核字（2014）第 257067 号

中国林业出版社·教育分社

策划、责任编辑：高红岩
电话：（010）83143554　　**传真：**（010）83143516

出版发行　中国林业出版社（100009　北京市西城区德内大街刘海胡同 7 号）
E-mail:jiaocaipublic@163.com　　电话:(010)83143500
http://www.forestry.gov.cn/lycb.html
经　销　新华书店
印　刷　中农印务有限公司
版　次　2014 年 11 月第 1 版
印　次　2023 年 2 月第 3 次印刷
开　本　787mm×1092mm　1/16
印　张　10.25
字　数　230 千字
定　价　25.00 元

普通高等教育食品科学与工程类“十二五”规划实验教材

编写指导委员会

《食品工程综合实验》编写人员

主　编　于殿宇（东北农业大学）

副主编　汪立君（中国农业大学）

　　　　　屈岩峰（黑龙江东方学院）

编　者　（按拼音排序）

　　　　　李　杨（东北农业大学）

　　　　　刘滨城（东北农业大学）

　　　　　刘天一（东北农业大学）

　　　　　潘明喆（东北农业大学）

　　　　　任运宏（东北农业大学）

　　　　　王铭义（牡丹江医学院）

前　言

食品工程综合实验是高等院校食品科学与工程类专业课程的综合实验。本书旨在帮助学生掌握“食品工程综合实验”的基本方法，加深对食品工程原理等专业基础课及食品保藏学、食品工艺学等专业课程的基本概念、基本理论的理解，提高设计工程技能的实际能力。本书主要讲解了食品工程相关实验的基本知识以及多个基本单元操作，几乎涵盖了食品工程领域所涉及的主要单元操作内容，并且多个实验项目涉及自动化控制和计算机数据采集领域，适应学生对于交叉学科学习的需要，内容精练、重点突出，着重工程能力的培养。编者结合多年来教学和工作实践的经验编写了《食品工程综合实验》一书，使学生在食品工程相关课程的学习过程中加深对基本教学内容的理解，使实验过程成为学生在校学习期间理论联系实际的一个重要途径。本书可作为高等院校食品科学与工程类相关专业的实验教材。对于从事食品生产、设计和科研的人员，本书具有一定的参考价值。

本书共分5章，第一章第一至七节由于殿宇编写，第一章第八、九节由刘滨城编写；第二章第一至四节由屈岩峰编写，第二章第五节由任运宏编写，第二章第六节由王铭义编写；第三章由汪立君编写；第四章第一节由潘明喆编写，第四章第二节由屈岩峰编写，第四章第三节由李杨编写；第五章由刘天一编写。本书在编写过程中承蒙杨同舟教授的具体指导，并得到各相关食品院校食品工程原理教研组及广大教师的支持和帮助，同时杜华楠、许多现、赵丹丹、赵青霞、李俊、梁宝生、孙丽雪、李相昕、周爽、葛洪如等人参与了工艺制图及校稿工作，在此一并表示感谢。

本书引用了国内外专家学者的相关资料，在此一并表示感谢。在书的编写过程中，由于时间紧迫，加之作者的水平、条件有限，书中不足之处在所难免，敬请广大读者批评指正。

编　者

2014年10月

目 录

第一章　食品工程原理实验

第一节　雷诺实验

一、实验目的

研究流体流动的形态，对于化学和食品科学的理论和工程实践都具有重要的意义。本实验的目的，是通过雷诺实验装置，观察流体流动过程的不同流型及其转变过程，测定流型转变时的临界雷诺数。

二、实验原理

1883 年，雷诺(Reynolds)首先在实验装置中观察到实际流体的流动存在两种不同形态——层流和湍流，以及两种不同形态的转变过程。

经许多研究者实验证明：流体流动存在两种截然不同的形态，主要决定因素为流体的密度、黏度、流动的速度以及设备的几何尺寸。

将这些因素整理归纳为一个量纲一的特征数，称该特征数为雷诺数，即

$$Re = \frac{d\rho u}{\mu} \tag{1-1}$$

式中　d——导管直径(m)；

ρ——流体密度($kg \cdot m^{-3}$)；

μ——流体黏度($Pa \cdot s$)；

u——流体速度($m \cdot s^{-1}$)。

大量实验测得：当雷诺数小于某一下临界值时，流体流动形态恒为层流；当雷诺数大于某一上临界值时流体流动形态恒为湍流。在上临界值与下临界值之间，则为不稳定的过渡区域。一般情况下，下临界雷诺数为 2 000 时为层流，上临界雷诺数为 4 000 时，即可形成湍流。

应当指出，层流与湍流之间并非是突然的转变，而是两者之间相隔一个不稳定过渡区域，因此，临界雷诺数测定值和流型的转变在一定程度上受一些不确定的其他因素的影响。

三、实验装置

雷诺实验装置主要由稳压溢流水槽、实验导管和转子流量计等部分组成，如图 1-1

所示。自来水不断注入并充满稳压溢流水槽。稳压溢流水槽内的水流经实验导管和流量计，最后排入下水道。稳压溢流水槽的溢流水，也直接排入下水道。

水流量由调节阀调节。

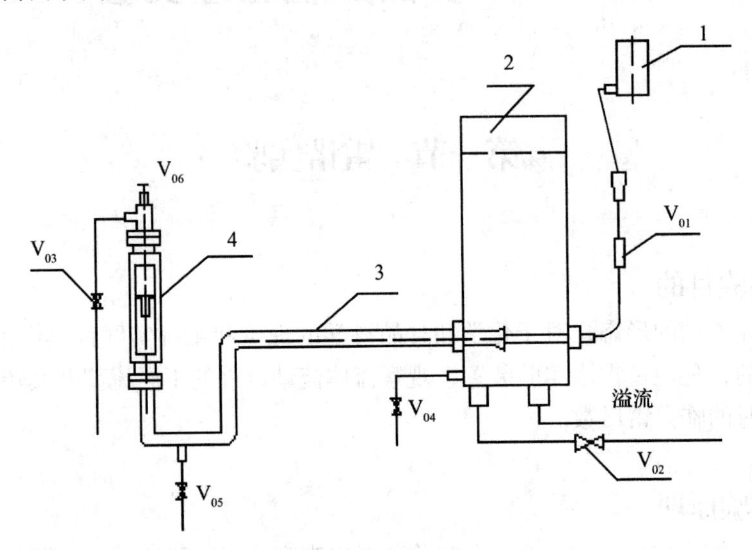

图 1-1 雷诺实验装置及流程

1. 红墨水贮瓶；2. 稳压溢流水槽；3. 试验导管；4. 转子流量计

V_{01}示踪迹调节阀；V_{02}上水调节阀；V_{03}水流量调节阀；V_{04}、V_{05}泄水阀；V_{06}排空阀

四、实验方法

1. 实验前准备工作

①实验前，先用自来水充满稳压溢流水槽。将适量红墨水加入红墨水贮瓶（示踪瓶）内备用，并排尽示踪瓶与针头之间管路内的空气。

②实验前，先对转子流量计进行标定，作好流量标定曲线。

③用温度计测定水温。

2. 实验操作步骤

①开启自来水阀门，保持稳压溢流水槽有一定的溢流量，以保证实验时具有稳定的压头。

②用放风阀放去流量计内的空气，再缓慢开启转子流量计的调节阀，将流量调至最小值，以便观察稳定的层流流型，再精细地调节示踪剂管路阀，使红墨水的注水流速与试验导管内主体流体的流速相近，一般略低于主体流体的流速为宜。精心调节至能观察到一条平直的红色细流为止。

③缓慢地逐渐增大调节阀的开度，使水通过试验导管的流速平稳地增大。直至试验导管内直线流动的红色细流开始发生波动时，记下水的流量和温度，以供计算临界雷诺数据。

④继续缓慢地增加调节阀开度，使水流量平稳地增加。这时，导管内的流体的流型

逐步由层流向湍流过渡。当流量增大到某一数据值后，红墨水一进入试验导管，立即被分散呈烟雾状，这时表明流体的流型已进入湍流区域。记下水的流量和温度数据，以供计算临界雷诺数。

这样实验操作需反复进行至少5~6次，以便取得较为准确的实验数据。

3. 实验操作注意事项

①本实验示踪剂采用红墨水，它由红墨水贮瓶，经连接软管和注射针头，注入试验导管。应注意适当调节注射针头的位置，使针头位于管轴线上为佳。红墨水的注射速度应与主体流体流速相近(一般调整红墨水的流速低于主流体流速)，因此，随着水流速的增大，需相应地细心调节红墨水注射流量，才能得到较好的实验效果。

②在实验过程中，应随时注意稳压水槽的溢流水量，随着操作流量的变化，相应调节自来水给水量，防止稳压槽内液面下降或液泛事故的发生。

③在整个实验过程中，切勿碰撞设备，操作时也要轻巧缓慢，以免干扰流体流动过程的稳定性。实验过程会有一定滞后现象，因此，调节流量过程切勿操之过急，稳定一段时间之后，状态确实稳定之后，再继续调整，记录数据。

五、实验结果

1. 实验设备基本参数

试验导管内径 d ________ mm。

2. 实验数据记录及整理

实验序号	流量 q_v	温度 T	黏度 μ	密度 ρ	流速 u	临界雷诺数 Re	实验现象及流型
	$m^3 \cdot s^{-1}$	℃	$Pa \cdot s$	$kg \cdot m^{-3}$	$m \cdot s^{-1}$		

列出上表中各项计算公式。

【思考题】

1. 流体流动形态的影响因素有哪些？

2. 在食品生产中，由于不能采用直接观察法来判断管中流体的流动形态，可用什么方法来判断流体的流动形态？

3. 有人认为流体的流动形态只用流速一个指标就能判断，你认为这种观点正确吗？在什么条件下可以只用流速这个指标来判断？

第二节 伯努利方程验证实验

一、实验目的

流动流体所具有的总能量是由各种形式的能量所组成，并且各种形式的能量之间又可相互转换。当流体在导管内做稳态流动时，在导管的各截面之间的各种形式机械能的变化规律，可由机械能衡算基本方程来表达。这些规律对于解决流体流动过程的管路计算、流体压力、流速与流量的测量，以及流体输送等问题，都有着十分重要的作用。

本实验采用伯努利实验仪，观察不可压缩流体在导管内流动时的各种形式机械能的相互转化现象，并验证伯努利方程。通过实验，加深对流体流动过程基本原理的理解。

二、实验原理

对于不可压缩流体，在导管内做稳态流动，系统与环境又无能量的交换时，若以单位质量流体为衡算基准，则对确定的系统即可列出机械能衡算方程：

$$gz_1 + \frac{p_1}{\rho} + \frac{u_1^2}{2} = gz_2 + \frac{p_2}{\rho} + \frac{u_2^2}{2} + \sum h_f \qquad (\mathrm{J \cdot kg^{-1}}) \qquad (1\text{-}2)$$

将式(1-2)两端除以 g，则又可表达为

$$z_1 + \frac{p_1}{\rho g} + \frac{u_1^2}{2g} = z_2 + \frac{p_2}{\rho g} + \frac{u_2^2}{2g} + \sum H_f \qquad (\mathrm{m}) \qquad (1\text{-}3)$$

式中 z—— 流体的位压头(m)；

p —— 流体的压力(Pa)；

u —— 流体的平均流速($\mathrm{m \cdot s^{-1}}$)；

ρ—— 流体的密度($\mathrm{kg \cdot m^{-3}}$)；

g—— 重力加速度($\mathrm{m \cdot s^{-2}}$)；

$\sum h_f$ —— 流动系数内因阻力造成的能量损失($\mathrm{J \cdot kg^{-1}}$)；

$\sum H_f$ —— 流动系数内因阻力造成的压头损失(m)。

式中符号下标 1 和 2 分别为系统的进口和出口两个截面。

不可压缩流体的机械能衡算方程，应用于各种具体情况下可作适当简化，例如：

(1) 当流体为理想液体时，式(1-2)和式(1-3)可简化为

$$gz_1 + \frac{p_1}{\rho} + \frac{u_1^2}{2} = gz_2 + \frac{p_2}{\rho} + \frac{u_2^2}{2} \qquad (\mathrm{J \cdot kg^{-1}}) \qquad (1\text{-}4)$$

$$z_1 + \frac{p_1}{\rho g} + \frac{u_1^2}{2g} = z_2 + \frac{p_2}{\rho g} + \frac{u_2^2}{2g} \qquad (\mathrm{m}) \qquad (1\text{-}5)$$

(2)当流体流经的系统为一水平装置的管道时，则式(1-2)和式(1-3)又可简化为

$$\frac{p_1}{\rho} + \frac{1}{2}u_1^2 = \frac{p_2}{\rho} + \frac{1}{2}u_2^2 + \sum h_f \quad (\mathrm{J \cdot kg^{-1}}) \tag{1-6}$$

$$\frac{p_1}{\rho g} + \frac{u_1^2}{2g} = \frac{p_2}{\rho g} + \frac{u_2^2}{2g} + \sum H_f \quad (\mathrm{m}) \tag{1-7}$$

(3)当流体处于静止状态时，则式(1-2)和式(1-3)又可简化为

$$\frac{p_1}{\rho} + gz_1 = \frac{p_2}{\rho} + gz_2 \quad (\mathrm{J \cdot kg^{-1}}) \tag{1-8}$$

$$\frac{p_1}{\rho g} + z_1 = \frac{p_2}{\rho g} + z_2 \quad (\mathrm{m}) \tag{1-9}$$

或者将上式改写为

$$p_1 + \rho g z_1 = p_2 + \rho g z_2 \quad (\mathrm{Pa}) \tag{1-10}$$

式(1-8)~式(1-10)为伯努利方程的特殊形式，即流体静力学基本方程。

三、实验装置

本实验装置主要由试验导管、稳压溢流水槽和三对测压管所组成。

试验导管为一水平装置的变径圆管，沿程分3处设置测压管。每处测压管由一对并列的测压管组成，分别测量该截面处的静压头和冲压头。

实验装置的流程如图1-2所示。液体由稳压水槽流入试验导管，途经直径分别为20cm、30cm和20mm的管子，最后排出设备。流体流量由出口调节阀调节，流量需要直接计时测量体积进行计算。

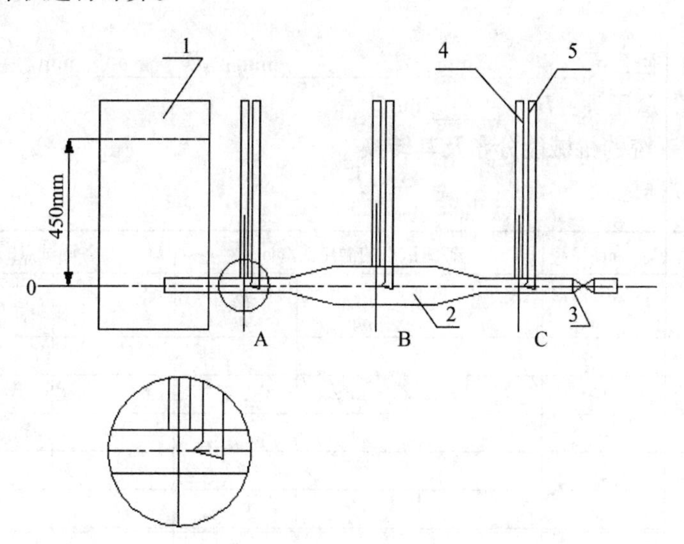

图1-2　伯努利实验装置流程

1. 稳压水槽；2. 试验导管；3. 出口调节阀；4. 静压测量管；5. 冲压测量管

四、实验方法

实验前，先缓慢开启进水阀，将水充满稳压溢流水槽，并保持有适量溢流水流出，使槽内液面平稳不变。同时，排尽管道内的气泡。

实验可按如下步骤进行：

①关闭试验导管出口调节阀，观察和测量液体处于静止状态下各测试点（A、B 和 C 3 点）的压头。

②开启试验导管出口调节阀，观察比较液体在流动情况下的各测试点的压头变化。

③缓慢调节试验导管的出口阀，测量流体在不同流量下的各测试点的静压头、动压头和压头损失。

实验过程中必须注意如下几点：

①实验前一定要将试验导管和测压管中的空气泡排除干净，否则会干扰实验现象和测量的准确性。

②开启调节阀时一定要缓慢地调节开启程度，并随时注意设备内的变化。

③实验过程中需根据测压管量程范围，确定最小和最大流量。

④为了便于观察测压管的液柱高度，可在临实验测定前，向各测压管滴入几滴红墨水。

五、实验结果

1. 测量并记录实验基本参数

流体种类：

试验导管内径：d_A________mm；d_B________mm；d_C________mm。

实验系统的总压头：H ________mm。

2. 非流动系统的机械能分布及其转换

（1）实验数据记录

水温/℃	密度/(kg · m^{-3})	各测试点的静压头/mm			各测试点的静压强/Pa		
T	ρ	$\frac{p_A}{\rho g}$	$\frac{p_B}{\rho g}$	$\frac{p_C}{\rho g}$	p_A	p_B	p_C

(2)验证流体静力学基本方程

3. 流动体系的机械能分布及其转换

(1)实验数据记录

实验序号		1	2	3	4	5
温度/℃						
密度/(kg·m^{-3})						
静压头/mm	$\frac{p_A}{\rho g}$					
	$\frac{p_B}{\rho g}$					
	$\frac{p_C}{\rho g}$					
压强/Pa	p_A p_B p_C					
动压头/mm	$\frac{u_A^2}{2g}$					
	$\frac{u_B^2}{2g}$					
	$\frac{u_C^2}{2g}$					
流速/(m·s^{-1})	u_A					
	u_B					
	u_C					
损失压头/mm	$H_{f(1\text{-}A)}$					
	$H_{f(1\text{-}B)}$					
	$H_{f(1\text{-}C)}$					

(2)验证流动流体的机械能衡算方程

【思考题】

1. 为什么实验要保持在恒水位条件下进行?
2. 用实验中观察到的现象解释流体在直管内流动的速度与阻力损失的关系。

第三节 管路流体阻力的测定

一、实验目的

研究管路系统中的流体流动和输送过程中重要的问题，确定流体在流动过程中的机械能损耗。

流体流动时的机械能损耗（压头损失），主要由于管路系统中存在着各种阻力。管路中的各种阻力可分为沿程直管阻力和局部阻力两大类。

本实验的目的，是以实验方法直接测定摩擦因数 λ 和局部阻力因数 ζ。

二、实验原理

当不可压缩流体在圆形导管中流动时，在管路系统内任意两个截面之间列出机械能衡算方程为

$$gz_1 + \frac{p_1}{\rho} + \frac{u_1^2}{2} = gz_2 + \frac{p_2}{\rho} + \frac{u_2^2}{2} + \sum h_f \qquad (\mathrm{J \cdot kg^{-1}}) \tag{1-11}$$

或

$$z_1 + \frac{p_1}{\rho g} + \frac{u_1^2}{2g} = z_2 + \frac{p_2}{\rho g} + \frac{u_2^2}{2g} + \sum H_f \qquad (\mathrm{m}) \tag{1-12}$$

式中 z——流体的位压头（m 液柱）；

p——流体的压强（Pa）；

u——流体的平均流速（$\mathrm{m \cdot s^{-1}}$）；

ρ——流体的密度（$\mathrm{kg \cdot m^{-3}}$）；

g——重力加速度（$\mathrm{m \cdot s^{-2}}$）；

$\sum h_f$——单位质量流体因流体阻力所造成的能量损失（$\mathrm{J \cdot kg^{-1}}$）；

$\sum H_f$——单位重量流体因流体阻力所造成的能量损失（m）。

符号下标 1 和 2 分别表示上游和下游截面上的数值。

假若：①水作为试验物系，则水可视为不可压缩流体；②试验导管是按水平装置的，则 $z_1 = z_2$；③试验导管的上下游截面上的横截面积相同，则 $u_1 = u_2$。

因此式（1-11）和式（1-12）两式分别可简化为

$$\sum h_f = \frac{p_1 - p_2}{\rho} \qquad (\mathrm{J \cdot kg^{-1}}) \tag{1-13}$$

或

$$\sum H_f = \frac{p_1 - p_2}{\rho g} \qquad (\mathrm{m}) \tag{1-14}$$

由此可见，因阻力造成的能量损失，可由管路系统的两截面之间的压力差来测定。

当流体在圆形直管内流动时，流体因摩擦阻力所造成的能量损失，有如下一般关系式：

$$\sum h_f = \frac{p_1 - p_2}{\rho} = \lambda \cdot \frac{l}{d} \cdot \frac{u^2}{2} \quad (\mathrm{J \cdot kg^{-1}}) \tag{1-15}$$

或

$$\sum H_f = \frac{p_1 - p_2}{\rho g} = \lambda \cdot \frac{l}{d} \cdot \frac{u^2}{2g} \quad (\mathrm{m}) \tag{1-16}$$

式中 d——圆形直管的管径(m)；

l——圆形直管的长度(m)；

λ——摩擦因数，量纲为1。

实验研究表明：摩擦系数 λ 与流体的密度 ρ、黏度 μ、管径 d、平均流速 u 和管壁粗糙度 ε 有关。应用量纲分析法，可以得出摩擦因数与雷诺数和管壁相对粗糙度 ε/d 存在函数关系，即

$$\lambda = f(Re, \varepsilon/d) \tag{1-17}$$

通过实验测得 λ 和 Re 数据，可以在双对数坐标上标绘出实验曲线。当 $Re < 2\,000$ 时，摩擦因数 λ 与管壁粗糙度 ε 无关。当流体在直管中呈湍流时，λ 不仅与雷诺数有关，而且与管壁相对粗糙度有关。

当流体流过管路系统时，因遇各种管件、阀门和测量仪表等而产生局部阻力，所造成的能量损失，有如下一般关系式：

$$\sum h_f' = \zeta \frac{u^2}{2} \quad (\mathrm{J \cdot kg^{-1}}) \tag{1-18}$$

或

$$\sum H_f' = \zeta \frac{u^2}{2g} \quad (\mathrm{m}) \tag{1-19}$$

式中 u——管件中流体的平均流速($\mathrm{m \cdot s^{-1}}$)；

ζ——局部阻力因数，量纲为1。

由于造成局部阻力的原因和条件极为复杂，各种局部阻力因数的具体数值，需要通过实验直接测定。

三、实验装置

本实验装置主要是由循环水系统、试验管路系统和高位排气水槽串联组合而成，每条测试管的测压口通过转换阀组与压差计连通。

压差由一倒置U形水柱压差计显示。孔板流量计的读数由另一倒置U形水柱压差计显示。该装置的流程如图1-3所示。

试验管路系统是由5条玻璃直管平行排列，经U形弯管串联连接而成。分别配置光滑管、粗糙管、突扩与突缩管、阀门和孔板流量计。每根试验管测试段长度，即两测压口距离均为0.6m。图1-3流程图中标出符号G和D分别表示上游测压口和下游测压

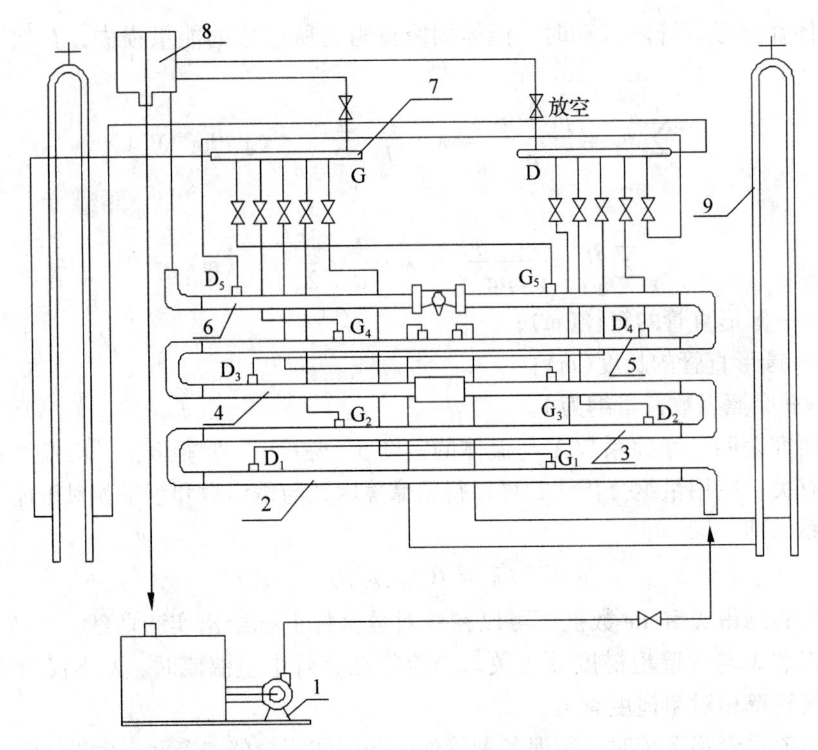

图 1-3 管路流体阻力实验装置流程

1. 循环水泵；2. 光滑试验管；3. 粗糙试验管；4. 扩大与缩小试验管；5. 孔板流量计；6. 阀门；7. 转换阀组；8. 高位排气水槽；9. 倒置 U 形水柱压差计

口。测压口位置的配置，是为保证上游测压口距 U 形弯管接口的距离，以及下游测压口距造成局部阻力处的距离，均大于 50 倍管径。

作为实验用水，用循环水泵或直接用自来水由循环水槽送入试验管路系统，由下而上依次流经各种流体阻力试验管，最后流入高位排气水槽。由高位排气水槽溢流出来的水，返回循环水槽。

水在试验管路中的流速，通过调节阀加以调节。流量由试验管路中的孔板流量计测量，并由压差计显示读数。

四、实验方法

1. 实验前准备工作

①实验前需对孔板流量计进行标定，作出流量标定曲线。

②在高位排气水槽中悬挂一支温度计，用以测量水的温度。

③先将水灌满循环水槽，然后关闭试验导管入口的调节阀，再启动循环水泵。待泵运转正常后，先将试验导管中的旋塞阀全部打开，并关闭转换阀组中的全部旋塞，然后缓慢开启试验导管的入口调节阀。当水流满整个试验导管，并在高位排气水槽中有溢流水排出时，关闭调节阀，停泵。

④逐一检查并排除试验导管和连接管线中可能存在的空气泡。排除空气泡的方法是，先将转换阀组中被检一组测压口旋塞打开，然后打开倒置U形水柱压差计顶部的放空阀，直至排尽空气泡再关闭放空阀。必要时可在流体流动状态下，按上述方法排除空气泡。

⑤调节倒置U形水柱压差计的水柱高度。可由压差计顶部的放空处，滴入几滴红墨水，将压差计水柱染红。先将转换阀组上的旋塞全部关闭，然后打开压差计顶部放空阀，再缓慢开启转换阀组中的放空阀，这时压差计中液面徐徐下降。当压差计中的水柱高度居于标尺中间部位时，关闭转换阀组中的放空阀。

2. 实验操作步骤

①先检查试验导管中旋塞是否置于全开位置，其余测压旋塞和调节阀是否全部关闭。检查完毕启动循环水泵。

②根据需要缓慢开启调节阀调节流量，流量大小由孔板流量计的压差计显示。

③待流量稳定后，将转换阀组中，与需要测定管路相连的一组旋塞置于全开位置，这时测压口与倒置U形水柱压差计接通，即可记录由压差计显示出压力降。

④当需改换测试部位时，只需将转换阀组由一组旋塞切换为另一组旋塞。例如，将G_1和D_1一组旋塞关闭，打开另一组G_2和D_2旋塞。这时，压差计与G_1和D_1测压口断开，而与G_2和D_2测压口接通，压差计显示读数即为第二支测试管的压力降。以此类推。

⑤改变流量，重复上述操作，测得各试验导管中不同流速下的压力降。

3. 实验注意事项

①实验前务必将系统内存留的气泡排除干净，否则实验不能达到预期效果。

②若实验装置放置不用时，应将管路系统和水槽内水排放干净。

五、实验结果

1. 实验基本参数

试验导管的内径 d ________mm；　试验导管的测试段长度 l ________mm；

粗糙管的粗糙度 ε ________mm；　粗糙管的相对粗糙度 ε/d ________；

孔板流量计的孔径 d_0________mm；　旋塞的孔径 d_v________mm。

2. 流量标定曲线

3. 实验数据

实验序号	1	2	3	4	5
R—孔板流量计压差计读数，mmHg					
q_v—水的流量，$m^3 \cdot s^{-1}$					
T—水的温度，℃					
ρ—水的密度，$kg \cdot m^{-3}$					
μ—水的黏度，Pa · s					
H_{f1}—光滑管压头损失，mm					

（续）

实验序号	1	2	3	4	5
H_{f2}—粗糙管压头损失，mm					
H_{f3}—旋塞压头损失(全开)，mmH_2O					
H_{f4}—孔板流量计压头损失，mmH_2O					

4. 数据整理

u—水的流速，$m \cdot s^{-1}$					
Re—雷诺数					
λ_1—光滑管摩擦因数					
λ_2—粗糙管摩擦因数					
ζ_3—旋塞的局部阻力因数(全开)					
ζ_4—孔板流量计局部阻力因数					

列出表中各项计算公式。

5. 标绘 $Re-\lambda$ 实验曲线

【思考题】

1. 在对装置做排气工作时，是否一定要关闭流程尾部的出口阀？为什么？
2. 如何检测管路中的空气是否已被排除干净？
3. 以水做介质所测得的 $\lambda-Re$ 关系能否适用于其他流体？如何应用？
4. 在不同设备上(包括不同管径)，不同水温下测定的 $\lambda-Re$ 数据能否关联在同一条曲线上？
5. 如果测压口、孔边缘有毛刺或安装不垂直，对静压的测量有何影响？

第四节　离心泵特性曲线的测定

一、实验目的

在食品加工过程中，经常需要各种输送机械用来输送流体。根据不同使用场合和操作要求，选择各种型式的流体输送机械。离心泵是其中最为常用的液体输送机械。离心泵的特性由厂家通过实验直接测定，并提供给用户。

本实验采用单级单吸离心泵装置，实验测定在一定转速下泵的特性曲线。通过实验了解离心泵的构造、安装流程和正常的操作过程，掌握离心泵各项主要特性及其相互关系，进而加深对离心泵的性能和操作原理的理解。

二、实验原理

离心泵主要特性参数有流量、扬程、功率和效率。这些参数不仅表征泵的性能，也是选择和正确使用泵的主要依据。

1. 泵的流量

泵的流量即泵的送液能力，是指单位时间内泵所排出的液体体积。泵的流量可直接由一定时间(t)内排出液体的体积(V)或质量(m)来测定。

即
$$q_v = \frac{V}{t} \quad (\mathrm{m^3 \cdot s^{-1}}) \tag{1-20}$$

或
$$q_v = \frac{m}{\rho t} \quad (\mathrm{m^3 \cdot s^{-1}}) \tag{1-21}$$

泵的输送系统中安装有经过标定的流量计，流量大小由压差计显示，流量 q_v 与倒置 U 形管压差计读数 R 之间存在如下关系：

$$q_v = C_0 A_0 \sqrt{2gR} \quad (\mathrm{m^3 \cdot s^{-1}}) \tag{1-22}$$

式中 C_0——孔板流量因数；

A_0——孔板的锐孔面积($\mathrm{m^2}$)。

2. 泵的扬程

泵的扬程即总压头，表示单位质量液体从泵中所获得的机械能。

若以泵的压出管路中装有压力表处为 B 截面，以吸入管路中装有真空表处为 A 截面，并在此两截面之间列机械能衡算式，则可得出泵扬程 H 的计算公式：

$$H = \Delta z + \frac{p_B - p_A}{\rho g} + \frac{u_B^2 - u_A^2}{2g} + \sum H_f \tag{1-23}$$

式中 p_B——由压力表测得的表压(Pa)；

p_A——由真空表测得的真空度(Pa)；

Δz——A、B 两个截面之间的垂直距离(m)；

u_A——A 截面处的液体流速($\mathrm{m \cdot s^{-1}}$)；

u_B——B 截面处的液体流速($\mathrm{m \cdot s^{-1}}$)。

3. 泵的功率

在单位时间内，液体从泵中实际所获得的功，即为泵的有效功率。若测得泵的流量为 q_v，扬程为 H，被输送液体的密度为 ρ，则泵的有效功率可按下式计算：

$$P_e = q_v H \rho g \quad (\mathrm{W}) \tag{1-24}$$

泵轴所作的实际功率不可能全部为被输送液体所获得，其中部分消耗于泵内的各能量损失。电动机所消耗的功率又大于泵轴所作出的实际功率。电机所消耗的功率可直接由输入电压 U 和电流 I 测得，即

$$P = UI \quad (\mathrm{W}) \tag{1-25}$$

4. 泵的总效率

泵的总效率可由测得的泵有效功率和电机实际消耗功率计算得出，即

$$\eta = \frac{P_e}{P} \tag{1-26}$$

这时得到的泵的总效率除了泵的效率外，还包括传动效率和电机的效率。

5. 泵的特性曲线

上述各项泵的特性参数并不是孤立的，而是相互制约的。因此，为了准确全面地表征离心泵的性能，需在一定转速下，将实验测得的各项参数即：H、P、η 与 q_v 之间的变化关系标绘成一组曲线。这组关系曲线称为离心泵特性曲线，如图 1-4 所示。离心泵特性曲线使离心泵的操作性能得到完整的概念，并由此可确定泵的最适宜操作状况。

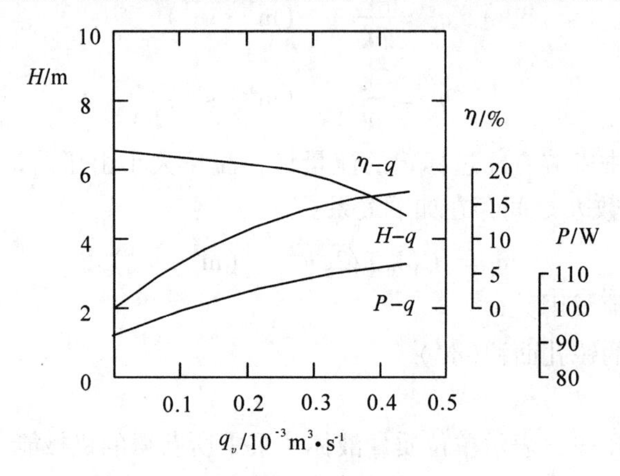

图 1-4　离心泵特性曲线

通常，离心泵在恒定转速下运转，因此泵的特性曲线是在一定转速下测得的。若改变了转速，泵的特性曲线也将随之而异。泵的流量 q_v 、扬程 H 和有效功率 P_e 与转速 n 之间，大致存在如下比例关系：

$$\frac{q_v}{q_v'} = \frac{n}{n'};\qquad \frac{H}{H'} = \left(\frac{n}{n'}\right)^2;\qquad \frac{P_e}{P_e'} = \left(\frac{n}{n'}\right)^3 \tag{1-27}$$

三、实验装置

本实验装置主体设备为一台单级单吸离心水泵。为了便于观察，泵壳端盖用透明材料制成。电动机直接连接半敞式叶轮。离心泵与循环水槽、分水槽和各种测量仪表构成一个测试系统。实验装置及其流程如图 1-5 所示。

泵将循环水槽中的水，通过吸入导管吸入泵体。在吸入导管上端装有真空表，下端装有底阀(单向阀)。底阀的作用是当注水槽向泵体内注水时，防止水的漏出。

水由泵的出口进入压出导管，压出导管沿程装有压力表、调节阀和孔板流量计，由压出导管流出的水，用转向弯管送入分流槽。分流槽分为二格，其中一格的水可流出用以计量，另一格的水可流回循环水槽。根据实验内容不同可用转向弯管进行切换。

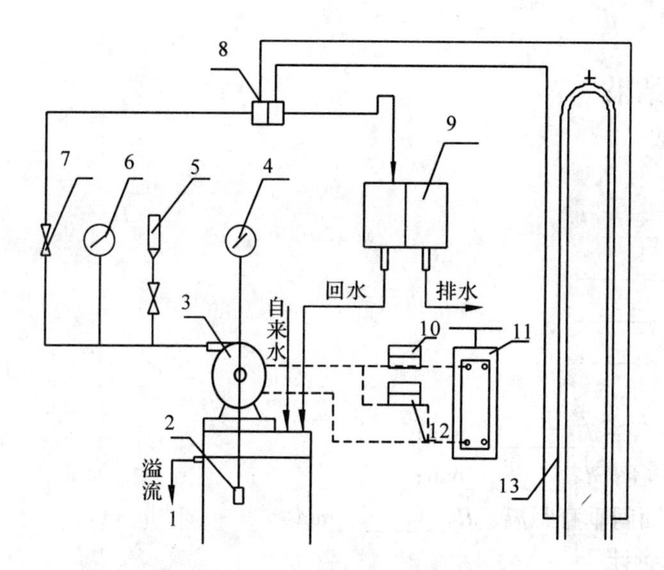

图 1-5 离心泵实验仪流程图

1. 循环水槽；2. 底阀；3. 离心泵；4. 真空表；5. 注水槽；6. 压力表；7. 调节阀；8. 孔板流量计；9. 分流槽；10. 电流表；11. 调压变压器；12. 电压表；13. 倒置U形管压差计

四、实验方法

在离心泵性能测定前，按下列步骤进行启动操作：

①打开注水槽下的阀门，将水灌入泵内。在灌水过程中，需打开调节阀，将泵内空气排除。当从透明端盖中观察到泵内已灌满水后，将注水阀门关闭。

②启动前，先确认泵出口调节阀关闭，变压器调回零点，然后合闸接通电源。缓慢调节变压器至额定电压(220V)，泵即随之启动。

③泵启动后，叶轮旋转无振动和噪声，电压表、电流表、压力表和真空表指示稳定，则表明运行已经正常，即可投入实验。

实验时，逐渐分步调节泵出口调节阀。每调定一次阀的开启度，待状况稳定后，即可进行以下测量：

①将出水转向弯头由分水槽的回流格拨向排水格同时，用秒表计取时间，用容器接取一定水量。用称量取体积的方法测定水的体积量。

②从压力表和真空表上读取压力和真空度的数值。

③记取孔板流量计的压差计读数。

④从电压表和电流表上读取电压和电流值。

在泵的全部流量范围内，可分成8~10组数据进行测量。

实验完毕，应先将泵出口调节阀关闭，再将调压变压器调回零点，最后再切断电源。

五、实验结果

1. 基本参数

(1)离心泵

流量：q_v ________；

扬程：H ________；

功率：P ________；

转速：n ________。

(2)管道

吸入导管内径：d_1________mm；

压出导管内径：d_2________mm；

A、B 两截面间垂直距离：H_0________mm。

(3)孔板流量计

锐孔直径：d_0________mm；

导管内径：d_1________mm。

2. 实验数据

实验测得的数据，可参考下表进行记录。

实验序号	1	2	3	4	5
T—水的温度,℃					
ρ—水的密度，$kg \cdot m^{-3}$					
R—水柱压差计读数，mm					
m—水的质量，kg					
t—接水时间，s					
p_B—表压强，Pa					
p_A—真空度，Pa					
U—电压，V					
I—电流，A					

3. 实验结果整理

①参考下表将实验数据进行整理

实验序号	1	2	3	4	5
q_v—流量，$m^3 \cdot s^{-1}$					
H—扬程，m					
P_e—有效功率，W					
P—实际功率，W					
η—总的效率					

列出上表中各项计算公式。

②将实验数据标绘成孔板流量计的流量标定曲线，并求取孔板流量计的流量因数。

③将实验数据整理结果标绘成离心泵的特性曲线。

【思考题】

1. 试从所测实验数据分析，离心泵在启动时为什么要关闭出口阀门？

2. 启动离心泵之前为什么要引水灌泵？如果灌泵后动不起来，你认为可能的原因是什么？

3. 为什么用泵的出口阀门调节流量？这种方法有什么优缺点？是否还有其他方法调节流量？

4. 泵启动后，出口阀如果不开，压力表读数是否会逐渐上升？为什么？

5. 正常工作的离心泵，在其进口管路上安装阀门是否合理？为什么？

6. 试分析，用清水泵输送密度为1 200kg/m^{3}的盐水，在相同流量下你认为泵的压力是否变化？轴功率是否变化？

第五节　流体黏度的测定实验

一、实验目的

掌握旋转法测定液体黏度的因素；了解影响牛顿型流体和非牛顿型流体黏度的因素。

二、实验原理

同步电机以稳定的速度旋转，连接刻度圆盘，再通过游丝和转轴带动转子旋转。如果转子未受到液体的阻力，则游丝、指针与刻度圆盘同速旋转，指针在刻度盘上指出的读数为“0”。反之，如果转子受到液体的黏滞阻力，则游丝产生扭矩，与黏滞阻力抗衡最后达到平衡，这时与游丝连接的指针在刻度圆盘上指示一定的读数(游丝的扭转角)。将读数乘以特定的系数即得到液体的黏度(mPa · s)。

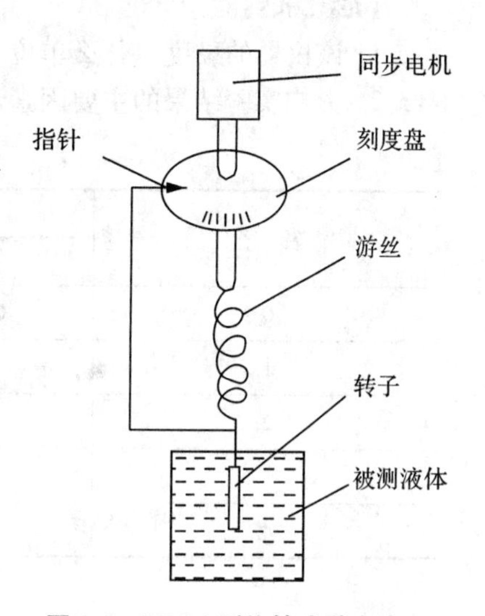

图1-6　NDJ-1型旋转式黏度计

三、实验装置

NDJ-1型旋转式黏度计(图1-6)、ZWQ1型晶体管直流电源、烧杯、温度计、聚乙烯醇。

四、实验方法

①准备被测液体。置于直径不小于70mm的烧杯或直筒形容器中，准确地控制被测液体温度。

②将保护架装在仪器上(顺时针方向旋入装上，逆时针方向旋出卸下)。

③将选配好的转子旋入连接螺杆(逆时针方向旋入装上，顺时针方向旋出卸下)。旋转升降旋钮，使仪器缓慢地下降，转子逐渐浸入被测液体中，直至转子液面标志和液面相平为止，调整仪器水平。按下指针控制杆，开启电机开关，转动变速旋钮，使所需转速数向上，对准速度指示点，放松指针控制杆，使转子在液体中旋转。经过多次旋转(一般20~30s)待指针趋于稳定(或按规定时间进行读数)。按下指针控制杆(注意：不得用力过猛；转速慢时可不利用控制杆，直接读数)使读数固定下来，再关闭电机，使指针停在读数窗内，读取读数，当电机关停后如指针不处于读数窗内时，可继续按住指针控制杆，反复开启和关闭电机，经几次练习即能熟练掌握，使指针停于读数窗内，读取读数。

五、实验结果

实验参数	实验序号				
	1	2	3	4	5
装置读数/°					
黏度 μ/(mPa·s)					

【思考题】

1. 该仪器的黏度以什么单位表示?
2. 影响实验结果的主要因素还有哪些?

附表：修正系数表

转　子	转/分			
	60	30	12	6
0	0.1	0.2	0.5	1
1	1	2	5	10
2	5	10	25	50
3	20	40	100	200
4	100	200	500	1 000

第六节　套管换热器液—液热交换实验

一、实验目的

在工业生产或实验研究中，常遇到两种流体进行热量交换，来达到加热或冷却之目的。为了加速热量传递过程，往往需要将流体进行强制流动。

对于在强制对流下进行的液—液热交换过程，曾有不少学者进行过研究，并取得了不少求算表面传热系数的关联式。这些研究结果都是在实验基础上取得的。对于新的物系或者新的设备，仍需要通过实验来取得传热系数的数据及其计算式。

本实验的目的，是测定在套管换热器中进行的液—液热交换过程的传热总系数，流体在圆管内作强制湍流时表面传热系数，以及确立求算传热系数的关联式。同时希望通过本实验，对传热过程的实验研究方法有所了解，在实验技能上受到一定的训练，并对传热过程基本原理加深理解。

二、实验原理

冷热流体通过固体壁面所进行的热交换过程，先由热流体把热量传递给固体壁面，然后热量由固体壁面的一侧传向另一侧，最后再由壁面把热量传给冷流体，换言之，热交换过程即为对流传热—导热—对流传热三个串联过程组成。

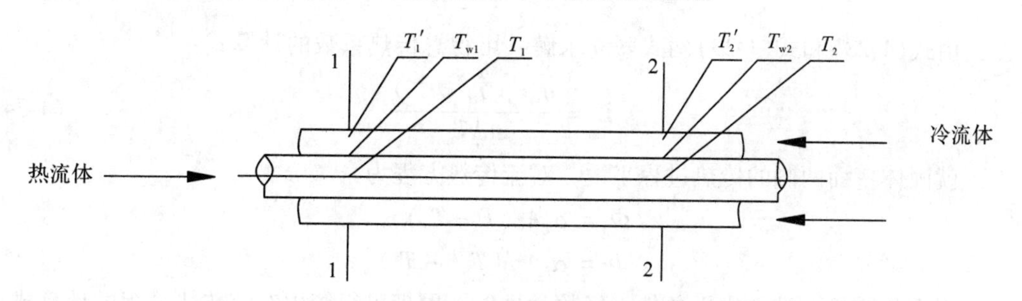

图 1-7　套管热交换器两端测试点的温度

T'为冷流体的温度；T_w为固体壁面温度

若热流体在套管热交换器的管内流过，而冷流体在管外流过，设备两端测试点上的温度如图 1-7 所示，则在单位时间内热流体向冷流体传递的热量，可由热流体的热量衡算方程来表示：

$$\Phi = q_m c_p (T_1 - T_2) \tag{1-28}$$

就整个热交换而言，由传热速率基本方程经过数学处理，可得计算式为

$$\Phi = KA\Delta T_m \tag{1-29}$$

式中 Φ ——热流量(W)；

q_m ——热流体的质量流量($kg \cdot s^{-1}$)；

c_p ——热流体的平均比热容($J \cdot kg^{-1} \cdot K^{-1}$)；

T ——热流体的温度(K)；

K ——总传热系数($W \cdot m^{-2} \cdot K^{-1}$)；

A ——热交换面积(m^2)；

ΔT_m ——两流体间的平均温度差(K)。

符号下标 1 和 2 分别表示热交换器两端的数值。

若 ΔT_1 和 ΔT_2 分别为热交换器两端冷热流体之间的温度差，即

$$\Delta T_1 = T_1 - T_1' \tag{1-30}$$

$$\Delta T_2 = T_2 - T_2' \tag{1-31}$$

则平均温度差可按下式计算：

$$\Delta T_m = \frac{\Delta T_1 - \Delta T_2}{\ln \frac{\Delta T_1}{\Delta T_2}} \tag{1-32}$$

当 $\frac{\Delta T_1}{\Delta T_2} < 2$ 时，可近似代以算术平均：

$$\Delta T_m = \frac{\Delta T_1 + \Delta T_2}{2} \tag{1-33}$$

由式(1-28)和式(1-29)两式联立求解，可得总传热系数的计算式：

$$K = \frac{q_m c_p (T_1 - T_2)}{A\Delta T_m} \tag{1-34}$$

就固体壁面两侧的传热过程来说，对流传热方程为

$$\Phi = \alpha_1 A_w (T - T_w)$$

$$\Phi = \alpha_2 A_w' (T_w' - T') \tag{1-35}$$

根据热交换两端的边界条件，经数学推导，同理可得管内对流传热过程的计算式

$$\Phi = \alpha_1 A_w \Delta T_m' \tag{1-36}$$

式中 α_1，α_2 ——分别表示固体壁两侧的表面传热系数($W \cdot m^{-2} \cdot K^{-1}$)；

A_w，A_w' ——分别表示固体壁两侧的内壁表面积和外壁表面积(m^2)；

T_w，T_w' ——分别表示固体壁两侧的内壁面温度和外壁面温度(K)；

$\Delta T_m'$ ——热流体与内壁面之间的平均温度差(K)。

热流体与管内壁面之间的平均温度差可按下式计算：

$$\Delta T_m' = \frac{(T_1 - T_{w1}) - (T_2 - T_{w2})}{\ln \frac{(T_1 - T_{w1})}{(T_2 - T_{w2})}} \tag{1-37}$$

当 $\frac{T_1 - T_{w1}}{T_2 - T_{w2}} < 2$ 时，可近似代以算术平均：

$$\Delta T_m' = \frac{(T_1 - T_{w1}) + (T_2 - T_{w2})}{2} \tag{1-38}$$

由式(1-28)和式(1-36)联立求解可得管内表面传热系数的计算式为

$$\alpha_1 = \frac{q_m c_p (T_1 - T_2)}{A_{w1} \Delta T_m'} \quad (\mathrm{W \cdot m^{-2} \cdot K^{-1}}) \tag{1-39}$$

同理也可得到管外传热过程的表面传热系数的类同公式。

流体在圆形直管内做强制对流时，传热膜系数 α 与各项影响因素（如管内径 d，管内流速 u，流体密度 ρ，流体黏度 μ，定压比热容 c_p和流体热导率 λ）之间的关系可关联成如下特征数方程式：

$$Nu = \alpha Re^m Pr^n \tag{1-40}$$

式中　$Nu = \frac{\alpha L}{\lambda}$，努塞尔特数；

$Re = \frac{Lu\rho}{\mu}$，雷诺数；

$Pr = \frac{c_p \mu}{\lambda}$，普兰特数。

上列关联式中系数 α 和指数 m，n 的具体数值，需要通过实验来测定。实验测得 α、m、n 数值后，则表面传热系数即可由该式计算。

流体被冷却时，α 值可由下列公式求算：

$$Nu = 0.023\, Re^{0.8}\, Pr^{0.3} \tag{1-41}$$

或

$$\alpha = 0.023\, \frac{\lambda}{d} \left(\frac{d\rho u}{\mu}\right)^{0.8} \left(\frac{c_p \mu}{\lambda}\right)^{0.3} \tag{1-42}$$

流体被加热时

$$Nu = 0.023\, Re^{0.8}\, Pr^{0.4} \tag{1-43}$$

或

$$\alpha = 0.023\, \frac{\lambda}{d} \left(\frac{d\rho u}{\mu}\right)^{0.8} \left(\frac{c_p \mu}{\lambda}\right)^{0.4} \tag{1-44}$$

当流体在套管环隙内做强制湍流时，上列各式中 d 用当量直径 d_e替代即可。各项物性常数均取流体进出口平均温度下的数值。

三、实验装置

本实验装置主要由套管热交换器、恒温循环水槽、高位稳压水槽以及一系列测量和控制仪表所组成，装置流程如图 1-8 所示。

套管热交换器由一根 ϕ12mm × 1.5mm 的黄铜管作为内管，ϕ20mm × 2.0mm 的有机玻璃管作为套管所构成。套管热交换器外面再套一根 ϕ32mm × 2.5mm 有机玻璃管作为

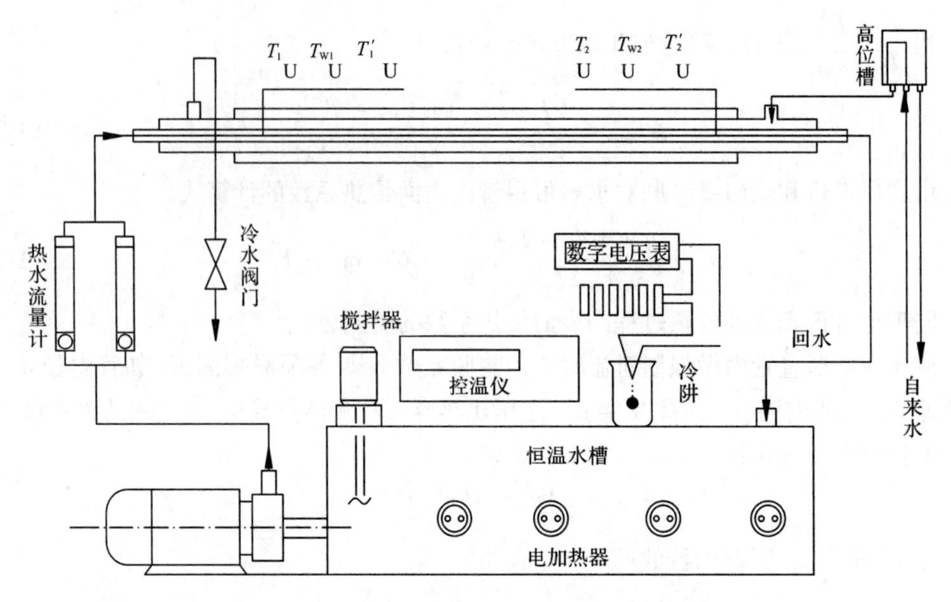

图 1-8　套管换热器液－液热交换实验装置流程

保温管。套管热交换器两端测温点之间(测试段距离)为 1 000mm。每一个检测端面上在管内、管外和管壁内设置三支铜－康铜热电偶，并通过转换开关与数字电压表相连接，用以测量管内、管外的流体温度和管内壁的温度。

热水由循环水泵从恒温水槽送入管内，然后经转子流量计再返回槽内。恒温循环水槽中用电热器补充热水在热交换器中移去的热量，并控制恒温。

冷水由自来水管直接送入高位稳压水槽，再由稳压水槽流经转子流量计和套管的环隙空间。高位稳压水槽排出的溢流水和由换热管排出被加热后的水，均排入下水道。

四、实验方法

1. 实验前准备工作

①向恒温循环水槽灌入蒸馏水或软水，直至溢流管有水溢出为止。

②开启并调节通往高位稳压水槽的自来水阀门，使槽内充满水，并由溢流管有水流出。

③将冰碎成细粒，放入冷阱中并掺入少许蒸馏水，使之呈粥状。将热电偶冷接点插入冰水中，盖严盖子。

④将恒温循环水槽的温度自控装置的温度定为 55℃。启动恒温水槽的电加热器。等恒温水槽的水达到预定温度后即可开始实验。

⑤实验前需要准备好热水转子流量计的流量标定曲线和热电偶分度表。

2. 实验操作步骤

①开启冷水截止球阀，测定冷水流量，实验过程中保持恒定。

②启动循环水泵，开启并调节热水调节阀。热水流量在 60 ~ 250L · h^{-1}范围内选取若干流量值(一般要求不少于 5 ~ 6 组测试数据)，进行实验测定。

③每调节一次热水流量，待流量和温度都恒定，再通过琴键开关，依次测定各点温度。

3. 实验注意事项

①开始实验时，必须先向换热器通冷水，然后再启动热水泵。停止实验时，必须先停热电器，待热交换器管内存留热水被冷却后，再停水泵并停止通冷水。

②启动恒温水槽的电热器之前，必须先启动循环泵使水流动。

③在启动循环水泵之前，必须先将热水调节阀门关闭，待泵运行正常后，再徐徐开启调节阀。

④每改变一次热水流量，一定要使传热过程达到稳定之后，才能测取数据。每测一组数据，最好重复数次。当测得流量和各点温度数值恒定后，表明过程已达稳定状态。

五、实验结果

1. 记录实验设备基本参数

(1)实验设备型式和装置方式　水平装置套管式热交换器

(2)内管基本参数

材质：黄铜

外径：d ________mm；

壁厚：δ ________mm；

测试段长度：L ________mm。

(3)套管基本参数

材质：有机玻璃

外径：d'________mm；

壁厚：δ'________mm。

(4)流体流通的横截面积

内管横截面积：S ________ m^2

环隙横截面积：S'________m^2

(5)热交换面积

内管内壁表面积：A_w ________

内管外壁表面积：A_w' ________

平均热交换面积：A ________

2. 实验数据记录

测得数据可参考如下表格进行记录：

实验序号	冷水流量 /(kg·s^{-1})	热水流量 /(kg·s^{-1})	温 度/℃					
			测试截面Ⅰ			测试截面Ⅱ		
	q_{sm}'	q_m	T_1	T_{w1}	T_1'	T_2	T_{w2}	T_2'

3. 实验数据整理

(1)由实验数据求取不同流速下的总传热系数，数据可参考下表整理。

实验序号	管内流速 /(m·s^{-1})	流体间温度差/K			热流量/W	总传热系数/ (W·m^{-2}·K^{-1})
	u	ΔT_1	ΔT_2	ΔT_m	Φ	K

列出上表中各项计算公式。

(2)由实验数据求取流体在圆直管内作强制湍流时的传热膜系数 α。数据可参考下表整理。

实验序号	管内流速 /(m·s^{-1})	流体与壁面温度差 /K			热流量/W	管内表面传热系数/ (W·m^{-2}·K^{-1})
	u	$T_1 - T_{w1}$	$T_2 - T_{w2}$	$\Delta T_m'$	Φ	α

列出上表中各项计算公式。

(3)由实验原始数据和测得的 α 值，对水平管内表面传热系数的特征数关联式进行参数估计。

首先，参考下表整理数据：

实验序号	管内流体平均温度/K	流体密度 /(kg·m^{-3})	流体黏度 /(Pa·s)	流体热导率/ (W·m^{-1}·K^{-1})	管内流速/ (m·s^{-1})	表面传热系数/(W·m^{-2}·K^{-1})	雷诺数	努塞尔数	普兰特数
	$(T_1+T_2)/2$	ρ	μ	λ	u	α	Re	Nu	Pr

列出上表中各项计算公式。

然后，按如下方法和步骤估计参数：

水平管内传热膜系数的准数关联式：

$$Nu = \alpha Re^m Pr^n \tag{1-45}$$

在实验测定温度范围内，Pr 数值变化不大，可取其平均值并将 Pr^n 视为定值与 α 项合并。因此，上式可写为

$$Nu = A Re^m \tag{1-46}$$

上式两边可取对数，使之线性化，即

$$\lg Nu = m \lg Re + \lg A \tag{1-47}$$

因此，可将 Nu 和 Re 实验数据，直接在双对数坐标纸上进行标绘，由实验曲线的斜率和截距估计参数 A 和 m，或者用最小二乘法进行线性回归，估计参数 A 和 m。

取 Pr 平均值为定值，且 $n=0.3$，由 A 计算得到 α 值。

最后，列出参数估计值：

A ________；　m ________；　α ________。

【思考题】

1. 实验中冷流体和蒸汽的流向对传热效果有何影响？
2. 在计算空气质量流量时所用到的密度值与求雷诺数时的密度值是否一致？它们分别表示什么位置的密度，应在什么条件下进行计算？
3. 实验过程中，冷凝水不及时排走，会产生什么影响？如何及时排走冷凝水？如果采用不同压强的蒸汽进行实验，对 α 关联式有何影响？

第七节　流化床干燥器的操作及其干燥速率曲线的测定

一、实验目的

重视测定物料干燥速率曲线在食品工程中的意义，掌握利用干燥曲线求取干燥速率曲线以及恒速阶段干燥速率、临界含水量、平衡含水量的实验分析方法。了解流化床干燥装置的基本结构、工艺流程和操作方法，并学习测定物料在恒定干燥条件下干燥特性的实验方法。同时，通过实验研究干燥条件对于干燥过程特性的影响。

二、实验原理

干燥原理是利用加热的方法使水分或其他溶剂从湿物料中汽化，除去固体物料中湿分的操作。干燥的目的是使物料便于运输、贮藏、保质和加工利用。本实验的干燥过程属于对流干燥，其原理如图 1-9 所示。

传热过程：热气流将热能传至物料表面，再由表面传至物料的内部。

传质过程：水分从物料内部以液态或气态扩散透过物料层而达到表面，再通过物料表面的气膜扩散到热气流的主体。由此可见，干燥操作具有热质同时传递的特征。为了使水气离开物料表面，热气流中的水气分压应小于物料表面的水气分压。

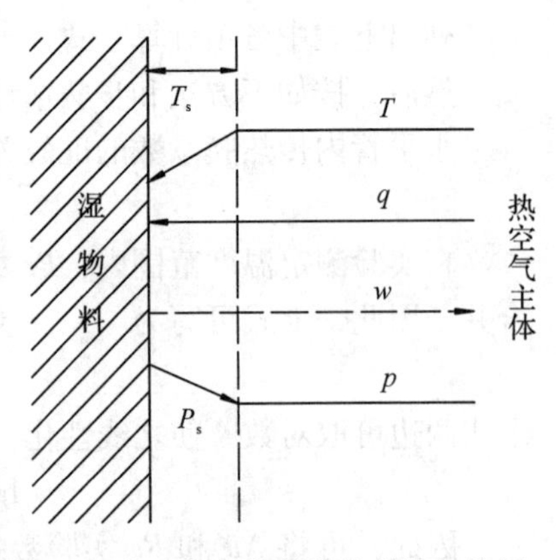

图 1-9 热空气与物料间的传热与传质

1. 干燥速率曲线测定的意义

对于设计型问题而言，已知生产条件要求每小时必须除去若干千克水，若先已知干燥速率，即可确定干燥面积，大致估计设备的大小；对操作型问题而言，已知干燥面积，湿物料在干燥器内停留时间一定，若先已知干燥速率，即可确定除掉了多少千克水；对于节能问题而言，干燥时间越长，不一定物料越干燥，物料存在着平衡含水率，能量的合理利用是降低成本的关键，以上三方面均须先已知干燥速率。因此，学会测定干燥速率曲线的方法具有重要意义。

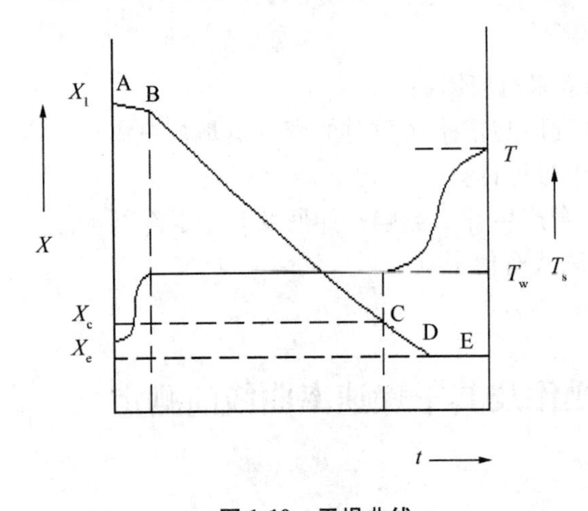

图 1-10 干燥曲线

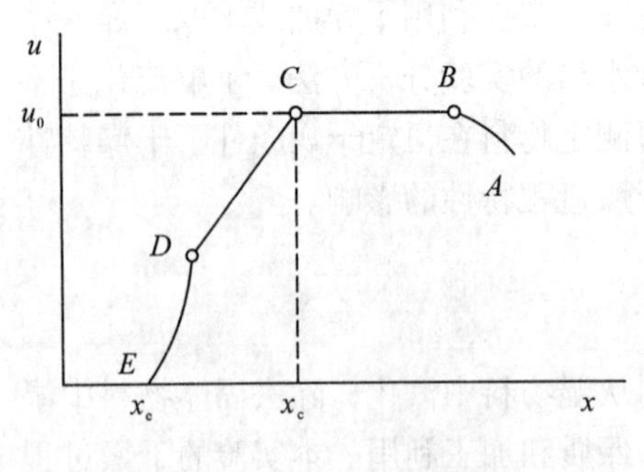

图 1-11 干燥速率曲线图

2. 干燥曲线和干燥速率曲线

(1)干燥曲线　将恒定干燥条件下进行干燥实验得到的物料干基含水量 X、物料表面温度 T_s 和相应时间 t 的数据加以整理，可绘制 $X-t$ 曲线和 $T-t$ 曲线，如图 1-10 所示就是它们的典型形状。通常将 $X-t$ 曲线称作干燥曲线。

由干燥曲线可见，在 ABC 段，物料含水量 X 随时间 t 的下降较快。AB 段斜率略小，相应于物料的预热阶段，一部分热量用于物料升温。BC 段几乎是直线，且斜率较大，空气传给物料的热全部转变为物料水分的汽化热，因而物料表面温度 T_s 基本上保持不变，约等于空气的湿球温度 T_w。C 点以后，X 下降变慢，干燥曲线逐渐变平坦，但物料表面温度却逐渐上升。到 E 点，达到物料平衡含水量 X_e，干燥过程结束，此时物料表面温度已近于空气干球温度 T。

(2)干燥速率曲线　干燥曲线的斜率为 $\frac{dx}{dt}$，由 $\frac{dx}{dt}$ 数据按式 $u=-\frac{m_s dx}{A dt}$ 可以求得干燥速率 u，

这样就可以绘出 $u-t$ 曲线和 $u-x$ 曲线，它们称为干燥速率曲线。如图1-11 所示就是典型的干燥速率曲线 $u-x$ 线。

在图1-11 的干燥速率曲线上，AB 段为物料预热段，此段所需时间很短，干燥计算中往往忽略不计。干燥速率曲线主要以 C 点为界分为两部分。BC 段，干燥速度保持 u_0 不变，称为恒速干燥阶段。CE 段，随着干燥进行即 x 的降低，干燥速率 u 不断下降，直到 x 降至平衡含水量 x_e时，干燥速度降为零，此段称为降速干燥阶段。

三、实验装置

实验装置见图1-12。

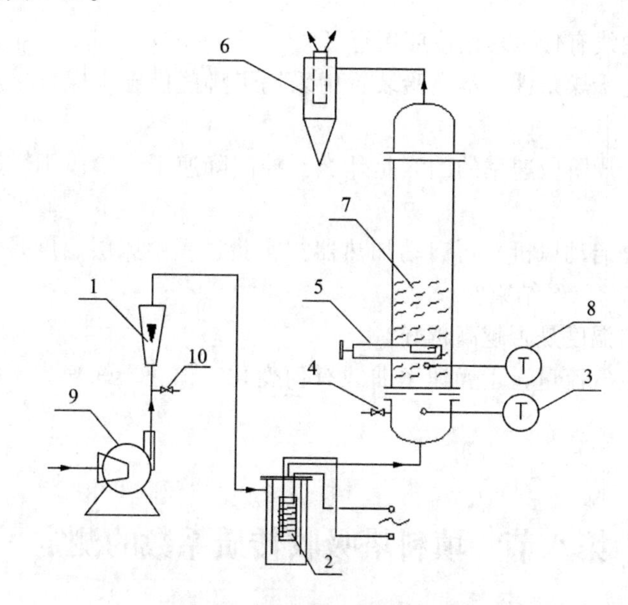

图1-12　流化床干燥实验流程图

1. 气体流量计；2. 加热器；3. 空气进口温度计；4. 旁路放空阀；5. 取样器；6. 旋风分离器；7. 硅胶颗粒；8. 床层温度计；9. 风机；10. 流量调节阀

四、实验方法

①在实验操作前从加水斗加入220～300mL 水，系统同时通入常温空气，使加入的水充分均匀地分散在硅胶表面(这一步由老师准备完成)。

②按下变频器 RUN，通过旁路阀10 调节流量至14～18$m^3 \cdot h^{-1}$任何一恒定值。

③打开旁路调节阀，待空气进口温度计读数为95℃时，关闭旁路放空阀，使热空气进入系统。

④仔细观察进口温度与床层温度的变化，待床层温度升至40℃，即开始取第一个样品，此时的时间设定为0。

⑤按照原始数据的时间间隔取样，总共采集14 组数据。

五、实验结果

①根据实验数据点($x \sim t$)和($T \sim t$)标绘在直角坐标纸上，并圆滑地绘出干燥曲线。

②求出干燥曲线上各点的斜率，在直角坐标纸上标绘出干燥速率曲线。

③对实验结果进行分析讨论，论述所得结果的工程意义。

④对实验数据误差进行讨论，分析原因。

⑤提出进一步的建议。

【思考题】

1. 测定速率曲线有什么理论或应用意义?

2. 什么是恒定干燥条件?本实验装置中采用了哪些措施来保持干燥过程在恒定干燥条件下进行?

3. 控制恒速干燥阶段速率的因素是什么?控制降速干燥阶段干燥速率的因素又是什么?

4. 为什么要先启动风机，再启动加热器?实验过程中床层温度是如何变化的?为什么?如何判断实验已经结束?

5. 空气的进口温度是否越高越好?

6. 若加大热空气流量，干燥速率曲线有何变化?恒速干燥速率、临界湿含量如何变化?为什么?

第八节　填料塔吸收传质系数的测定

一、实验目的

了解填料塔吸收装置的基本结构及流程；掌握总体积传质系数的测定方法；了解气相色谱仪和六通阀的使用方法。

二、实验原理

气体吸收是典型的传质过程之一。由于CO_2气体无味、无毒、廉价，所以气体吸收实验常选择CO_2作为溶质组分，本实验即采用水吸收空气中的CO_2组分。一般CO_2在水中的溶解度很小，即使预先将一定量的CO_2气体通入空气中混合以提高空气中的CO_2浓度，水中的CO_2含量仍然很低，所以吸收的计算方法可按低浓度来处理，并且此体系CO_2气体的解吸过程属于液膜控制，因此，本实验主要测定K_X和H_{OL}。

1. 计算公式

填料层高度的计算式：对任意截面m处的微元高度dh作物料衡算，可有：

$$VdY = LdX = N_a a_v A dh \tag{1-48}$$

可得

$$VdY = K_Y(Y - Y^*)a_v A dh$$

移项并从塔顶到塔底积分：

$$h = \int_0^h dh = \frac{V}{K_Y a_v A}\int_{Y_2}^{Y_1}\frac{dY}{Y - Y^*} \tag{1-49}$$

令 $H_{OL} = \frac{V}{K_Y a_v A}$为传质单元高度，$N_{OL} = \int_{Y_2}^{Y_1}\frac{dY}{Y - Y^*}$为传质单元数。

则

$$h = H_{OL} \cdot N_{OL} \tag{1-50}$$

同样，可得

$$h = H_{OL} \cdot N_{OL} = \frac{L}{K_X a_v A}\int_{X_2}^{X_1}\frac{dX}{X^* - X} \tag{1-51}$$

式(1-50)和式(1-51)即为填料层高度 h 的计算式。要计算 h，关键在于求解传质单元数 N_{OL}或 N_{OL}两积分项之一。

2. 测定方法

(1)空气流量和水流量的测定　本实验采用转子流量计测得空气和水的流量，并根据实验条件(温度和压力)和有关公式换算成空气和水的摩尔流量。

(2)测定填料层高度 h 和塔径 D

(3)测定塔顶和塔底气相组成 Y_1 和 Y_2

(4)平衡关系　本实验的平衡关系可写成

$$Y_A{}^* = EX_A \tag{1-52}$$

式中　E——相平衡常数；

Y_A——组分 A 在气相中的摩尔比；

X_A——组分 A 在液相中的摩尔比。

对清水而言，$X_2 = 0$，由全塔物料衡算 $V(Y_1 - Y_2) = L(X_1 - X_2)$，可得 X_1。

三、实验装置

1. 装置流程

吸收装置流程如图 1-13 所示。

由自来水源来的水送入填料塔塔顶经喷头喷淋在填料顶层；由风机送来的空气与由 CO_2 钢瓶来的 CO_2 混合后，一起进入气体中间贮罐，然后再直接进入塔底，与水在塔内进行逆流接触，进行质量和热量的交换，由塔顶出来的尾气放空。由于本实验为低浓度气体的吸收，所以热量交换可略，整个实验过程看成是等温操作。

2. 主要设备

(1)吸收塔　高效填料塔，塔径 100mm，塔内装有金属丝网波纹规整填料或环形散装填料，填料层总高度 2 000mm。塔顶有液体初始分布器，塔中部有液体再分布器，塔

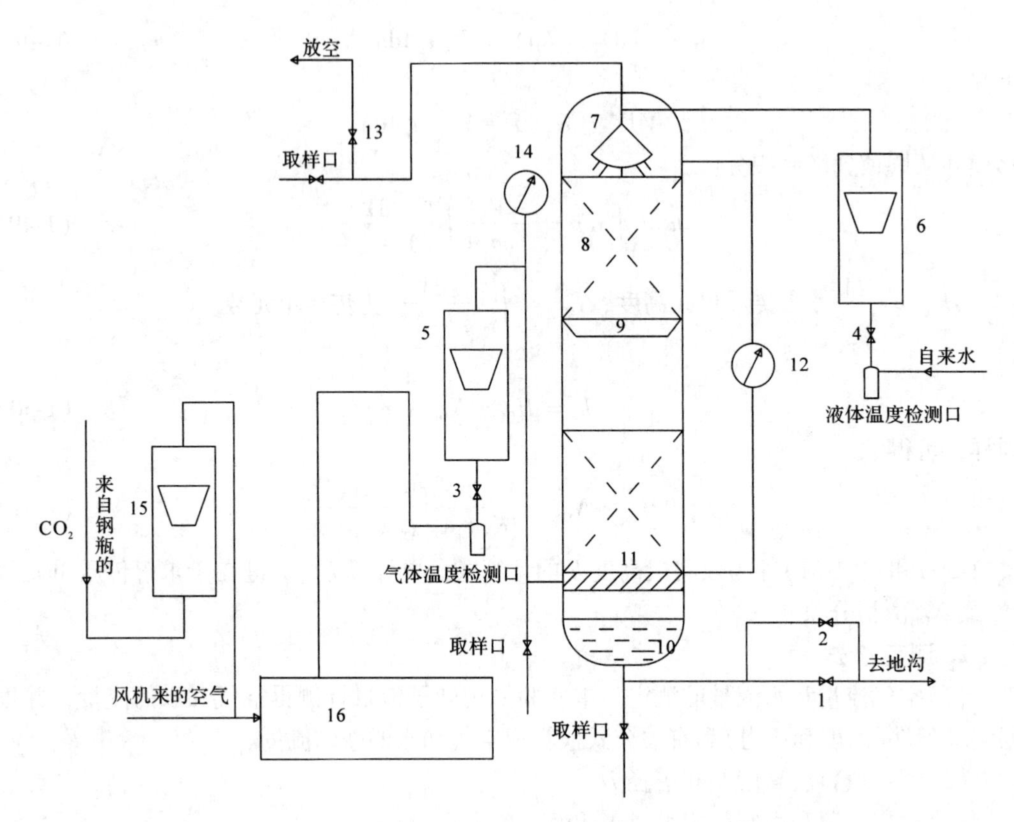

图 1-13 吸收装置流程图

1、2. 球阀；3. 气体流量调节阀；4. 液体流量调节阀；5、6. 转子流量计；7. 喷淋头；8. 填料层；9. 液体再分布器；10. 塔底；11. 支撑板；12. 压差计；13. 尾气放空阀；14. 气压表；15. 氧化碳转子流量计；16. 气体中间贮罐

底部有栅板式填料支承装置。填料塔底部有液封装置，以避免气体泄漏。

(2)填料规格和特性　金属丝网波纹规整填料：型号 JWB－700Y，规格 ϕ100mm × 100mm，比表面积 $700m^2 \cdot m^{-3}$。

(3)转子流量计　实验中测定空气、CO_2、水流量的流量计其参数见表 1-1。

表 1-1 各种流量计参数表

介质	条件			
	常用流量	最小刻度	标定介质	标定条件
空气	$4m^3 \cdot h^{-1}$	$0.1\ m^3 \cdot h^{-1}$	空气	20℃ 1.0133×10^5Pa
CO_2	$60L \cdot h^{-1}$	$10L \cdot h^{-1}$	空气	20℃ 1.0133×10^5Pa
水	$600L \cdot h^{-1}$	$20L \cdot h^{-1}$	水	20℃ 1.0133×10^5Pa

(4)空气风机旋涡式气泵。

(5)CO_2 钢瓶。

(6)气相色谱分析仪。

四、实验方法

①熟悉实验流程及掌握气相色谱仪及其配套仪器结构、原理、使用方法及其注意事项。

②打开混合罐底部排空阀，排放掉空气混合贮罐中的冷凝水。

③打开仪表电源开关及风机电源开关，进行仪表自检。

④开启进水阀门，让水进入填料塔润湿填料，仔细调节液体转子流量计，使其流量稳定在某一实验值。(塔底液封控制：仔细调节阀门2的开度，使塔底液位缓慢地在一段区间内变化，以免塔底液封过高溢满或过低而泄气)

⑤启动风机，打开CO_2钢瓶总阀，并缓慢调节钢瓶的减压阀。

⑥仔细调节风机出口阀门的开度(并调节CO_2转子流量计的流量，使其稳定在某一值)。

⑦待塔中的压力靠近某一实验值时，仔细调节尾气放空阀13的开度，直至塔中压力稳定在实验值。

⑧待塔操作稳定后，读取各流量计的读数及通过温度、压差计、压力表上读取各温度、压力、塔顶塔底压差读数，通过六通阀在线进样，利用气相色谱仪分析出塔顶、塔底气相组成。

⑨实验完毕，关闭CO_2钢瓶和转子流量计、水转子流量计、风机出口阀门，再关闭进水阀门及风机电源开关，清理实验仪器和实验场地。(实验完成后一般先停止水的流量再停止气体的流量，这样做的目的是防止液体从进气口倒压破坏管路及仪器)

五、实验结果

实验项目		1	2
塔底气相浓度 Y_1	mol CO_2/mol 空气		
塔顶气相浓度 Y_2	mol CO_2/mol 空气		
塔底液相浓度 X_1	mol CO_2/mol 水		
Y_1^*	mol CO_2/mol 空气		
平均浓度差 ΔY_m	mol CO_2/mol 空气		
气相总传质单元数 N_{OL}			
气相总传质单元高度 H_{OL}	m		
空气的摩尔流量 V	mol/s		
气相总体积吸收系数 $K_Y a_v$	molCO_2/(m^2·s)		
回收率 φ			

【思考题】

1. 本实验中，为什么塔底要有液封？液封高度如何计算？
2. 测定 $K_Y a_v$ 有什么工程意义？
3. 为什么 CO_2 吸收过程属于液膜控制？
4. 当气体温度和液体温度不同时，应用什么温度计算亨利系数？
5. 从传质推动力和传质阻力两方面分析吸收流量和温度对吸收过程的影响？

第九节 筛板塔精馏效率测定实验

一、实验目的

1. 了解筛板精馏塔及其附属设备的基本结构，掌握精馏过程的基本操作方法。
2. 学会判断系统达到稳定的方法，掌握测定塔顶、塔釜溶液浓度的实验方法。
3. 学习测定精馏塔全塔效率和单板效率的实验方法，研究回流比对精馏塔分离效率的影响。

二、实验原理

1. 全塔效率 E_T

全塔效率又称总板效率，是指达到指定分离效果所需理论板数与实际板数的比值，即

$$E_T = \frac{N_T + 1}{N_P} \tag{1-53}$$

式中 N_T——完成一定分离任务所需的理论塔板数，包括蒸馏釜；

N_P——完成一定分离任务所需的实际塔板数，本装置 $N_P = 10$。

全塔效率简单地反映了整个塔内塔板的平均效率，说明了塔板结构、物性系数、操作状况对塔分离能力的影响。对于塔内所需理论塔扳数 N_T，可由已知的双组分物系平衡关系，以及实验中测得的塔顶、塔釜出液的组成，回流比 R 和热状况 q 等，用图解法求得。

2. 单板效率 E_M

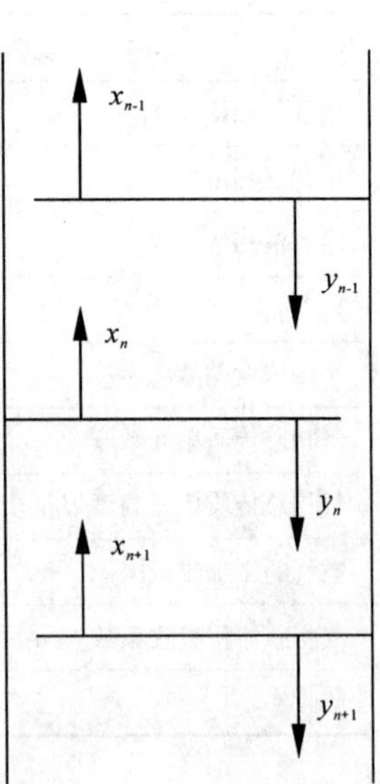

图 1-14 塔板液流图

单板效率又称莫弗里板效率，如图 1-14 所示，是指气相或液相经过一层实际塔板前后的组成变化值与经过一层理论塔板

前后的组成变化值之比。

按气相组成变化表示的单板效率为：

$$E_{MV} = \frac{y_n - y_{n+1}}{y_n^* - y_{n+1}} \tag{1-54}$$

按液相组成变化表示的单板效率为：

$$E_{ML} = \frac{x_{n-1} - x_n}{y_{n-1} - y_n^*} \tag{1-55}$$

式中 y_n，y_{n+1}，y_{n-1}——离开第 n、$n+1$、$n-1$ 块塔板的气相组成(摩尔分数)；

x_{n-1}，x_n——离开第 $n-1$、n 块塔板的液相组成(摩尔分数)；

y_n^*——与 x_n 成平衡的气相组成(摩尔分数)。

3. 图解法求理论塔板数 N_T

图解法又称麦卡勃－蒂列(McCahe-Thiele)法，简称 M－T 法，其原理与逐板计算法完全相同，只是将逐板计算过程在 $y-x$ 图上直观地表示出来。

精馏段的操作线方程为：

$$y_{n+1} = \frac{R}{R+1} + \frac{x_D}{R+1} \tag{1-56}$$

式中 y_{n+1}——精馏段第 $n+1$ 块塔板上升的蒸汽组成(摩尔分数)；

x_n——精馏段第 n 块塔板下流的液体组成(摩尔分数)；

x_D——塔顶馏出液的液体组成(摩尔分数)；

R——泡点回流下的回流比。

提馏段的操作线方程为：

$$y_{m+1} = \frac{L'}{L' - W}x_m - \frac{Wxw}{L' - W} \tag{1-57}$$

式中 y_{m+1}——提馏段第 $m+1$ 块塔板上升的蒸汽组成(摩尔分数)；

x_m——提馏段第 m 块塔板下流的液体组成(摩尔分数)；

xw——塔底釜液的液体组成(摩尔分数)；

L'——提馏段内下流的液体量(kmol)；

W——釜液流量($kmol \cdot s^{-1}$)。

加料线(q 线)方程可表示为：

$$q = \frac{q}{q-1} - \frac{x_F}{q-1} \tag{1-58}$$

$$q = 1 + \frac{c_{pF}(t_s - t_v)}{r_F} \tag{1-59}$$

式中 q——进料热状况参数；

r_F——进料液组成下的汽化潜热($kJ \cdot kmol^{-1}$)；

t_s——进料液的泡点温度(℃)；

t_v——进料液温度(℃)；

c_{pF}——进料液在平均温度$(t_s - t_v)/2$下的比热容(kJ · kmol^{-1} · ℃$^{-1}$)；

x_F——进料液组成(摩尔分数)。

回流比R的确定：

$$R = \frac{L}{D} \tag{1-60}$$

式中 L——回流液量(kmol · s^{-1})；

D——馏出液量(kmol · s^{-1})。

式(1-60)只适用于泡点下回流时的情况，而实际操作时为了保证上升气流能完全冷凝，冷却水量一般都比较大，回流液温度往往低于泡点温度，即冷液回流。

如图1-15所示，从全凝器出来的温度为t_R、流量为L的液体回流进入塔顶第一块板，由于回流温度低于第一块塔板上的液相温度，离开第一块塔板的一部分上升蒸汽将被冷凝成液体，这样，塔内的实际流量将大于塔外回流量。

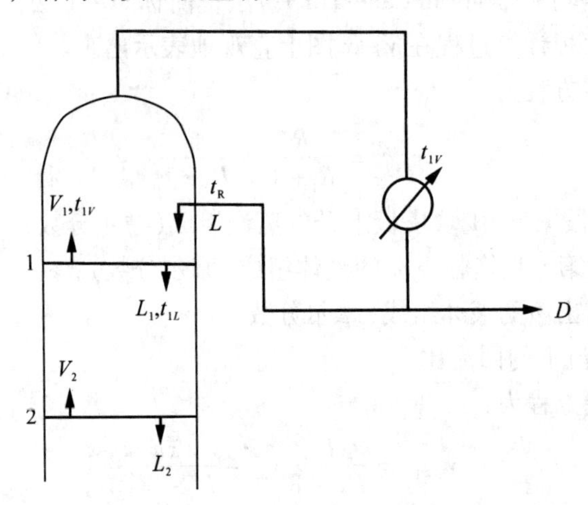

图1-15 塔顶回流示意图

对第一块板作物料、热量衡算：

$$V_1 + L_1 = V_2 + L \tag{1-61}$$

$$V_1I_{V1} + LI_{L1} = V_2I_{V2} + LI_L \tag{1-62}$$

对式(1-54)、式(1-55)整理、化简后，近似可得：

$$L_1 \approx L\left[1 + \frac{c_p(t_{1L} - t_R)}{r}\right] \tag{1-63}$$

即实际回流比：

$$R_1 = \frac{L_1}{D} \tag{1-64}$$

式中 V_1，V_2——离开第1、2块板的气相摩尔流量(kmol · s^{-1})；

L_1——塔内实际液流量(kmol · s^{-1})；

I_{V1}，I_{V2}，I_{L1}，I_L——对应V_1、V_2、L_1、L下的焓值(kJ · kmol^{-1})；

R——回流液组成下的汽化潜热($\mathrm{kJ \cdot kmol^{-1}}$)；

c_p——回流液在 t_{1L} 与 t_R 平均温度下的平均比热容($\mathrm{kJ \cdot kmol^{-1} \cdot ℃^{-1}}$)。

全回流操作：在精馏全回流操作时，操作线在 $y-x$ 图上为对角线，如图 1-16 所示，根据塔顶、塔釜的组成在操作线和平衡线间做梯级，即可得到理论塔板数。

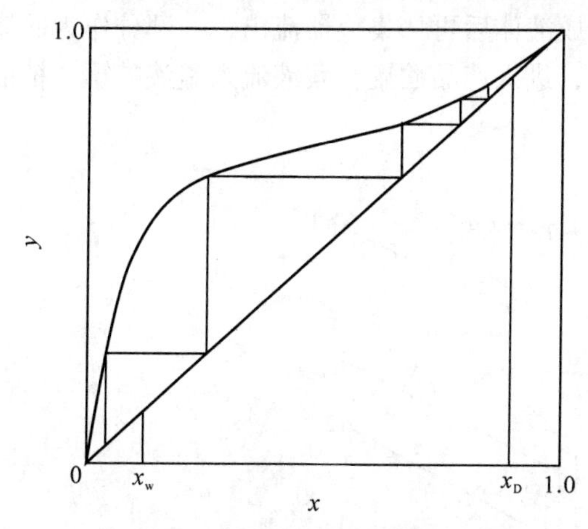

图 1-16　全回流时理论板数的确定

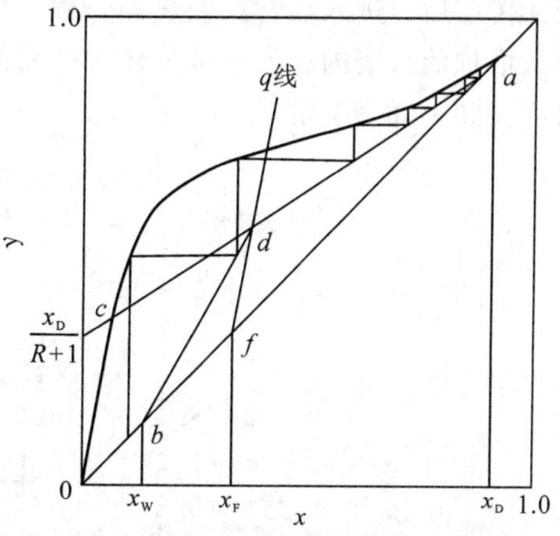

图 1-17　部分回流时理论板数的确定

部分回流操作：部分回流操作时，如图 1-17 所示，图解法的主要步骤如下：

①根据物系和操作压力在 $y-x$ 图上作出相平衡曲线，并画出对角线作为辅助线。

②在 x 轴上定出 $x=x_D$、x_F、x_W 三点，依次通过这三点做垂线分别交对角线于点 a、f、b。

③在 y 轴上定出 $y_c=x_D/(R+1)$ 的点，连接 a、c 作出精馏段操作线。

④由进料热状况求出 q 线的斜率 $q/(q-1)$，过点 f 作出 q 线交精馏段操作线于点 d。

⑤连接点 d、b 作出提馏段操作线。

⑥从点 a 开始在平衡线和精馏段操作线之间画阶梯，当梯级跨过点 d 时，就改在平衡线和提馏段操作线之间画阶梯，直至梯级跨过点 b 为止。

所画的总阶梯数就是全塔所需的理论塔板数(包含再沸器)，跨过点 d 的那块板就是加料板，其上的阶梯数为精馏段的理论塔板数。

三、实验方法一

(一)实验装置

本实验装置的主体设备是筛板精馏塔，配套的有加料系统、回流系统、产品出料管路、残液出料管路、进料泵和一些测量、控制仪表。

筛板塔主要结构参数：塔内径 $D=68\mathrm{mm}$，厚度 $\delta=2\mathrm{mm}$，塔节 $\phi76\times4$，塔板数 $N=10$ 块，板间距 $H_T=100\mathrm{mm}$。加料位置由下向上起数第 3 块和第 5 块。降液管采用弓形，齿形堰，堰长 56mm，塔高 7. 3mm，齿探 4. 6mm，齿数 9 个。降液管底隙 4. 5mm。筛孔

直径 $d_0=1.5\text{mm}$，正三角形排列，孔间距 $t=5\text{mm}$，开孔数为 74 个。塔釜为内电加热式，加热功率 2.5kW，有效容积为 10L，塔顶冷凝器、塔釜换热器均为盘管式。单板取样为自下而上第 1 块和第 10 块，斜向上为液相取样口，水平管为气相取样口。

本实验料液为乙醇水溶液，釜内液体由电加热器产生蒸汽逐板上升，经与各板上的液体传质后，进入盘管式换热器壳程，冷凝成液体后再从集液器流出，一部分作为回流液从塔顶流入塔内；另一部分作为产品馏出，进入产品贮罐；残液流入釜液贮罐，精馏过程如图 1-18 所示。

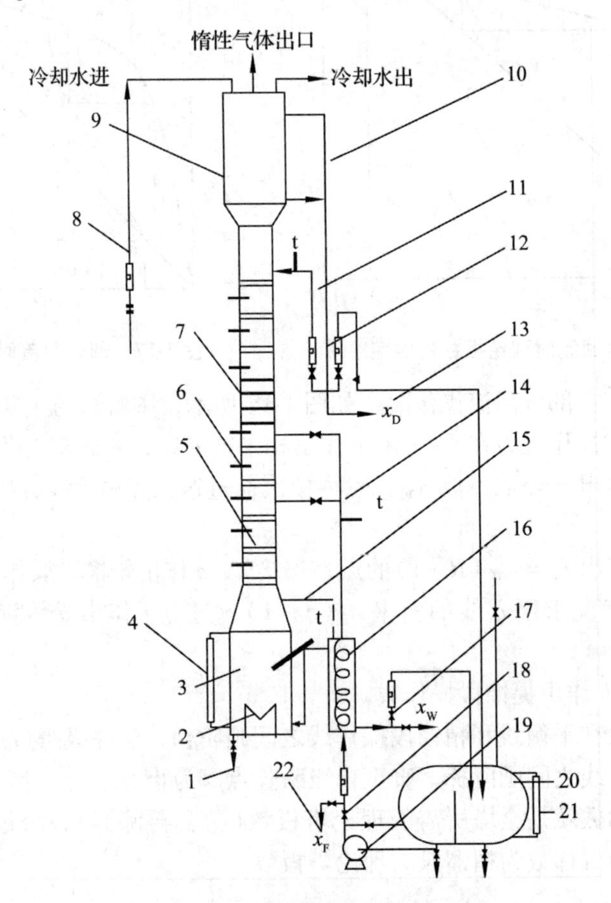

图 1-18 筛板塔精馏过程示意图

1. 塔釜排液口；2. 电加热器；3. 塔釜；4. 塔釜液位计；5. 塔板；6. 温度计；7. 窥视节；8. 冷却水流量计；9. 盘管冷凝计；10. 塔顶平衡管；11. 凹液面流量计；12. 塔顶出料流量计；13. 产品取样口；14. 进料管路；15. 塔釜平衡管；16. 盘管换热器；17. 塔釜出了流量计；18. 进料流量计；19. 进料泵；20. 产品；21. 料槽液位计；22. 料液取样口

(二) 实验方法

本实验的主要操作步骤如下。

1. 全回流

①配制 10% ~20%(体积分数)的料液加入贮罐中，打开进料管路上的阀门，由进料泵将料液打入塔釜，至釜容积的 2/3 处(由塔釜液位计可观察)。

②关闭塔身进料管路上的阀门，启动电加热管电源，调节加热电压至适中，使塔釜温度缓慢上升(固塔中部玻璃部分较为脆弱，若加热过快玻璃极易碎裂，使整个精馏塔报废，故升温过程应尽可能缓慢)。

③打开塔顶冷凝器的冷却水，调节合适冷凝量，并关闭塔顶出料管路，使整塔处于全回流状态。

④当塔顶温度、回流量和塔釜温度稳定后，分别取塔顶液和塔釜液，分析浓度 x_D 和 x_W。

2. 部分回流

①在贮料罐中配制一定浓度的乙醇水溶液(10% ~20%)。

②待塔全回流操作稳定时，打开进料阀，调节进料量至适当的流量。

③控制塔顶回流和出料两转子流量计，调节回流比 R($R=1\sim4$)。

④当塔顶、塔内温度读数稳定后即可取样。

3. 取样与分析

①进料、塔顶、塔釜从各相应的取样阀放出。

②塔板取样用注射器从所测定的塔板中缓缓抽出，取 1mL 左右注入事先洗净、烘干的针剂瓶中，并给该瓶盖标号以免出错，各个样品尽可能同时取样。

③将样品进行色谱分析。

④分析样品浓度也可先把取的样品冷却到室温，盛满比重瓶，测量样品的密度，可确定样品的摩尔分数。

4. 注意事项

①塔顶放空阀一定要打开，否则容易因塔内压力过大导致危险。

②料液一定要加到设定液位 2/3 处方可打开加热管电源，否则塔釜液位过低会使电加热丝露出干烧致坏。

四、实验方法二

(一)实验装置

整套装置由塔体、供液系统、产品贮槽和仪表控制柜等部分组成，装置总高度 3 400mm,塔体和产品贮槽同定在槽钢制成的底座上，连同供应料槽，仪表柜占地长 2 000mm,前后宽 1 000mm，蒸馏釜为 ϕ250mm ×460mm ×3mm 不锈钢材质立式结构，用两支 1kW，SRY-1 型电加热棒进行加热，其中一支为恒加热，另一支则用自耦变压器调节控制，并由仪表柜上的电流电压表显示，其上有温度计和测压计接口以及两个备用接口。

塔身系采用 ϕ57mm ×3. 5mm 不锈钢管制成，设有两个加料口供选择。共十五段塔节，法兰连接。

塔身主要参数如下：

(1)塔径　ϕ50mm。

(2)塔板

板厚：$\delta=1$mm 不锈钢板。

孔径：$d_0=2$mm。

孔数：$n=21$ 个。

排列：三角形。

(3)板间距　$H_T=100$mm。

(4)溢流管

管径：ϕ14mm×2mm 不锈钢管。

堰高：$h_0=10$mm。

在塔顶和“灵敏板”之塔段中装有 WzG－001 微型铜电阻感温计各一支，并由仪表柜上的 XCZ－102 温度指示计加以显示，以检测气相组成的变化。

若顶上装有不锈钢蛇管式冷凝器，蛇管 ϕ14mrn×2mm，长 2 500mm，以自来水作为冷却剂，冷凝器上方装有排气旋塞。产品贮槽 ϕ250mm×4mm×40mm×3mm 不锈钢，贮槽上方设有观测罩，预测产品的浓度。

回流管、产品管及供料管分别采用机 ϕ14mm×2mm，ϕ8mm×2mm 不锈钢管制成，用转子流量计分别计量产品、回流及供料量：

①产量流量计：FL－6－2 型，0.5～2.5L·h^{-1}一支。

②回流流量计：FL－6－2 型，1.3～6.5L·h^{-1}一支。

③供料流量计：LZB－4 型，0～10L·h^{-1}一支。

料液由供料泵提供。

仪表控制柜：装有显示、控制仪表和自耦变压器以及电器开关，柜背面装有分别连接供料泵和加热器电阻的航空插座两个。

实验装置流程图如图 1-19 所示。

(二)实验方法

熟悉实验设备的结构和流程。

在贮料桶内配置一定量 12%(质量分数)左右的乙醇水溶液，供实验使用。

(1)在全回流条件下，测定总板效率和单板效率

①配制 4%～5% 乙醇水溶液。打开供料泵出口阀及支路调节阀，启动泵，向蒸馏釜内注入乙醇水溶液至液位上的标记为止。

②通电启动加热溶液，为了加快预热速度，变压器先调到 220V(电热棒的额定电压)，开启冷却水阀。

③在全回流条件下，控制蒸发量，这时灵敏板温度应在 80℃ 左右。当此温度不再发生明显变化时，说明塔的操作已稳定，此时即可取样。

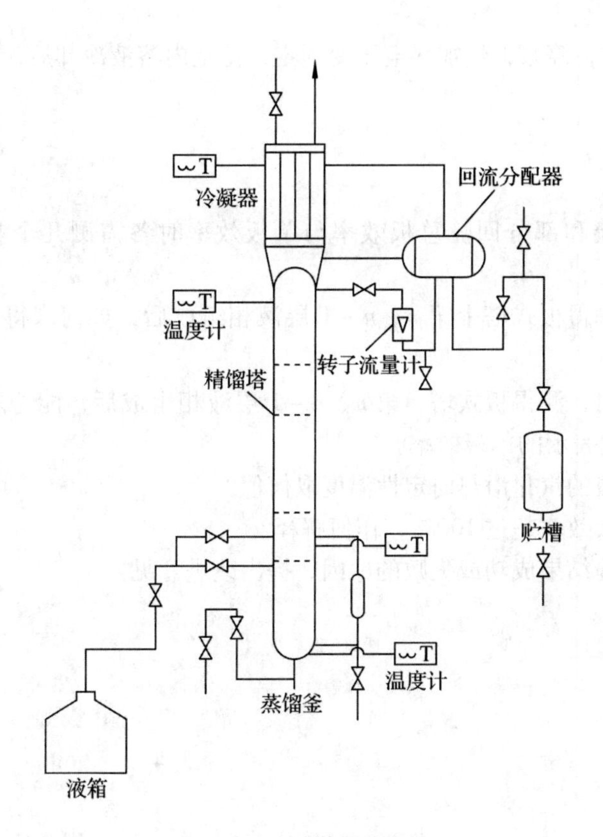

图 1-19 实验装置流程图

④从塔顶和塔底各取样品 50mL，作为求取总板效率之用，同时，从任选的相邻两块塔板上各取液体样品 50mL，作为求取单板效率之用，取样瓶应标明样品号数，取样后将瓶盖盖紧，以免样品挥发。与此同时，记录回流转子流量计读数、塔顶温度、加热电压等。

⑤用阿贝折射仪测出折射率，并查取浓度值。

(2) 在部分回流条件下，测定总板效率和单板效率

①打开供料泵出口阀及支路上的调节阀，启动泵，即可准备向选定的加料板加料。

②在一定的回流比下进行连续操作。为了使塔的操作达到稳定，应注意维持“灵敏板”温度保持不变。

③控制釜底排料量，使釜底液位保持不变，控制各转子流量计读数恒定。

④操作稳定后，记录加热电压及“灵敏板”温度、塔顶温度、原料温度及各个转子流量计的读数，与此同时，取塔顶产品、釜残液及原料液样品各 50mL，作为求算总板效率之用，取样瓶应标明样品号数。取样品应将瓶盖盖紧，以免样品挥发。

⑤用阿贝折射仪测出折射率，并查取浓度值。

(3) 液泛现象的观察和停塔

①加大加热电压，使其发生液泛，观察液泛现象。

②结束实验时，停泵，使加热电压变到零，待釜内溶液冷却后，关闭冷凝器冷水进口阀门。

【思考题】

1. 测定全回流和部分回流总板效率与单板效率时各需测几个参数？取样位置在何处？

2. 全回流时测得板式塔上第 n、$n-1$ 层液相组成后，如何求得 x_n^*？部分回流时，又如何求 x_n^*？

3. 在全回流时，测得板式塔上第 n、$n-1$ 层液相组成后，能否求出第 n 层塔板上的以气相组成变化表示的单板效率？

4. 查取进料液的汽化潜热时定性温度取何值？

5. 若测得单板效率超过 100%，作何解释？

6. 试分析实验结果成功或失败的原因，提出改进意见。

第二章　食品工程技术实验

第一节　食品冷冻干燥实验

一、实验目的

了解冷冻干燥的原理；掌握相关冷冻干燥设备的构造及操作方法；掌握绘制冷冻干燥曲线的方法。

二、实验原理

(一)水的相平衡状态图

物质有固、液、气三种聚集态。物质的每一种聚集状态只可能在一定的外部条件下，即在一定的温度、压强范围内存在。水的三种聚集状态随温度和压强不同而变化，以压强为纵坐标，温度为横坐标表示水的聚集态，称为水的相平衡图。

图 2-1 为水的相平衡图。图中，*OS*、*OL*、*OK* 三条曲线把相图分成三个区域，即气相、液相、固相。*OS* 曲线为气固两相平衡共存的状态，这时的水蒸气压强为水的饱和蒸汽压，*OL* 曲线为液固两相平衡共存的状态，*OK* 曲线为气液两相平衡共存的状态。此三条曲线将图面分成三个区，分别称为固相区、液相区和气相区。*K* 为水的临界点，*K* 点温度为 374℃，压强为 2.11×10^7Pa，在此点液态水不存在。*O* 点为三条曲线的交点，即三相点，三相点温度为 0.01℃，三相点压力为 610.5Pa，是水的三相平衡共存的状态。对于一定的物质，三相点是不变的，即具有一定的温度和压力。

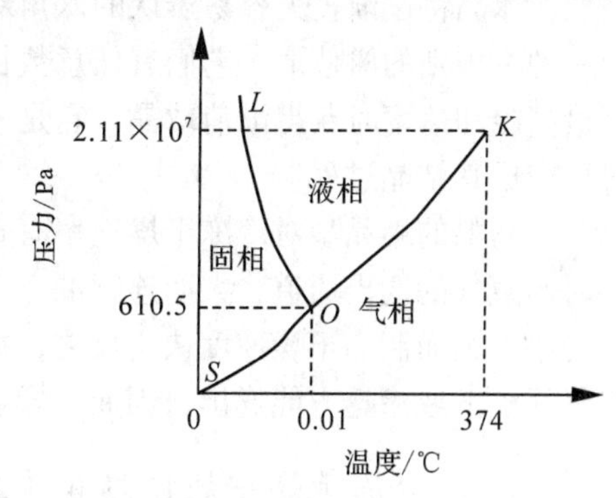

图 2-1　水的相平衡图

升华是物质从固态不经液态而直接转变为气态的现象。由图 2-1 可知，只有压力低于三相点压力以下，升华才有可能发生。冷冻升华干燥即基于此原理。当压力高于三相点压力时，固态转变为气态必须经过液态方能达成。

随着物质聚集态的变化，由于相内分子重新排列要消耗能量，故需要放出或吸收相变潜热。因此，物质聚集态的变化是根据物质的物理性质，以及由一态转变为另一态时的转换条件，而在一定的温度下进行的。在转变过程中，要发生体积变化及热效应。升华相变的过程一般为吸热过程，这种相变潜热称为升华热。

(二)物料中水分的冻结

纯水结冰时，水分子或分子群析出在固相冰之上，这时要发生体积变化，通常体积要增加9%。纯水结冰时的温度随条件的变化而不同。若事先有冰的晶核存在，结冰过程在略低于0℃(常压下)下即开始进行。但是，若无晶核存在，则在冻结到达之前须先冷却至-39℃。对于含有杂质的普通水，发生冻结的温度范围为-25～-6℃。

物料冷冻时，组织的细胞可能要受到破坏，且细胞的破坏也与冷却速度有关。冷却速度影响生物细胞破坏表现为两种现象：

(1)机械效应　这是细胞内部冰晶生长的结果。当细胞悬浮液缓慢冷却时，冰晶开始出现于细胞外部的介质，于是细胞逐渐脱水。而当快速冷却时，情况与此相反，细胞内发生结晶。这时，如果冷却非常急速，则形成的晶体可能极小，如果是超速冷却，则出现细胞内水分的玻璃体化现象。

(2)溶质效应　在冷却初期，细胞外的冻结产生细胞间液体的浓缩，随之产生强电解质和其他溶质增浓，细胞内对离子的渗透性增加，因而细胞外离子便进入细胞，并改变细胞内外的pH值。

由此可见，物料的冻结，起主要作用的过程是两方面：一方面是冰晶的成长；另一方面是细胞间液体的浓缩。在这两方面，凡能促进物料组织中无定形相态生长并使之稳定的条件，都对细胞免受破坏有利。但是，无定形相态的出现，对物料组织的干燥又是不利的。

在物料的冻结过程中，所形成的冰晶类型主要取决于冷却速度、冷却温度以及物料浓度。在0℃附近开始冻结时，冰晶呈六角对称形，在六个主轴方向向前生长，同时还会出现若干副轴，所有冰晶连接起来，在溶液中形成一个网络结构。随着过冷度的增加，冰晶将逐渐丧失容易辨认的六角对称形式，加之成核数多，冻结速度快，可能形成一种不规则的树枝形，它们有任意数目的轴向柱状体，而不像六方晶型那样只有六条。最高冷却速度时获得渐消球晶，它是一种初始的或不完全的球状结晶，通过重结晶可以再完成其结晶过程。

物料的结晶型对冷冻干燥速率有直接影响。冰晶升华后留下的空隙是后续冰晶升华时水蒸气的逸出通道，大而连续的六方晶体升华后形成的空隙通道大，水蒸气逸出的阻力小，因而制品干燥速度快；反之，树枝形和不连续的球状冰晶通道小或不连续，水蒸气靠扩散或渗透方能逸出，因而干燥速度慢。因此，仅从干燥速率来说，慢冻为好。

(三)冷冻干燥中的传热和传质

冷冻干燥是物料中水分从固相向气相升华转移的操作。这种操作只有在冰晶升华表面的蒸气压和温度低于三相点时，才能达到。理论上，如平衡存在，则含冰晶食品所有水分的蒸汽压必须等于此冰晶的蒸汽压。但研究证明，部分冻结的食品，其水蒸气分压低于同温度冰的蒸汽压。

在理想情况下，物料升华干燥时冻结层与已干层之间有明显的界面。从冻结层到已干层的界面上，水分含量有突然的下降。并且已干层的水分含量主要取决于此层与外围蒸汽分压的平衡。实际上，这种理想状况并不存在，在冻结层与已干层之间应存在一过渡层。在此层内，并无冰晶存在，但水分含量仍明显高于已干层的物料最终水分含量。另外，在已干层内，多少还存在着湿度梯度。关于过渡层，深入的研究征明，此层较薄，在工程分析上取其厚度为零，误差也不大。

1. 理想条件下冷冻干燥中的传热和传质

进行冷冻干燥的必要条件是：一方面提供冰晶升华所需的升华潜热；另一方面应及时将升华出来的水蒸气除去。所以，冷冻干燥的升华速率一方面取决于提供给升华界面热量的多少；另一方面取决于从升华界面通过干燥层逸出水蒸气的快慢。若供给的热量不足，水的升华夺走了制品自身的热量而使升华界面的温度降低；若逸出的水蒸气少于升华的水蒸气，多余的水蒸气聚集在升华界面使其压力增高，升华温度提高，最终将可能导致制品溶化。

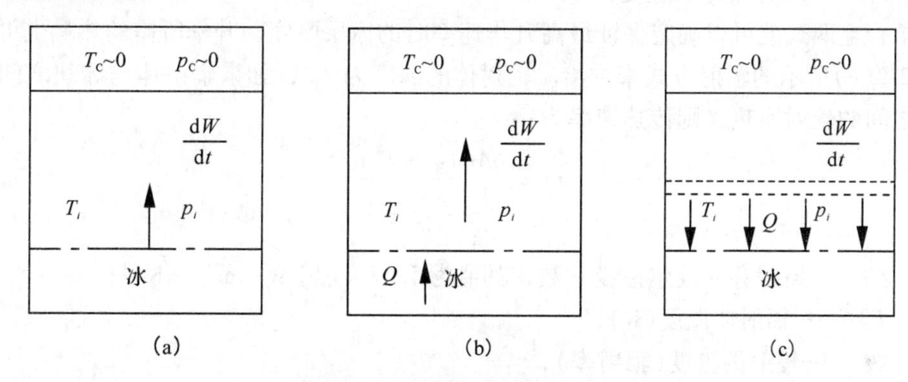

图 2-2　冰升华过程的图解表示

(a)忽略传热　(b)接触传热　(c)辐射传热

为分析方便，先考虑理想条件下的情形。图 2-2(a)表示维持定温 T_i 的平板冰，其对应蒸汽压为 p_i，其上方空间与低温冷凝器相连。低温冷凝器内的温度为 T_C，其相应的压力 p_C 甚低，暂且忽略。此外，还假定从冰到冷凝器之间的蒸汽流动阻力忽略不计。在此理想情况下，根据气体分子撞击率来分析，可推知最大升华速率应正比于冰的蒸汽压 p_i，反比于冰的热力学温度的平方根，故有：

$$\left(\frac{\mathrm{d}W}{\mathrm{d}t}\right)_{\max} = \frac{K_0 A p_i}{\sqrt{T_i}} \qquad (\mathrm{kg \cdot s^{-1}}) \tag{2-1}$$

式中 $\left(\frac{\mathrm{d}W}{\mathrm{d}t}\right)_{\max}$ —— 最大升华速率($\mathrm{kg \cdot s^{-1}}$)；

A —— 升华面积($\mathrm{m^2}$)；

T_i —— 冰的热力学温度(K)；

p_i —— 冰的蒸汽压($N \cdot m^2$)；

K_0 —— 常数，取决于升华物质的相对分子质量。对于冰，在SI制中，K_0值为0.018 4。

在上述理想情况下，维持升华速率需要供给的升华潜热($kJ \cdot s^{-1}$)为：

$$Q = \left(\frac{dW}{dt}\right)_{max} L_s \frac{K_0 A p_i L_s}{\sqrt{T_i}} \quad (2\text{-}2)$$

式中 L_s ——冰的升华热($kJ \cdot kg^{-1}$)。

上述热量可通过热传导方式供给，如图2-2(b)所示。此时，为避免融化，冰块的下表面温度维持在$T_W < 273K$。设冰的热导率为λ_i，冰层厚度为d_i，则传热速率为：

$$v_t = \frac{\lambda_i}{d_i} A(T_W - T_i) \quad (2\text{-}3)$$

式中 v_t——传热速率(W)；

T_W ——冰块的下表面温度(K)；

T_i ——冰的热力学温度(K)。

结合上两式就可以确定保证最高升华速率时的冰层厚度，升华所需的热量也可通过图中2-2(c)所示的辐射方式来供给。辐射体的温度为T_R，如果辐射体与冰块之间为两平板之间的辐射换热，则传热速率为：

$$v_t = \frac{\delta A(T_R^4 - T_i^4)}{\frac{1}{\varepsilon_R} + \frac{1}{\varepsilon_i} - 1} \quad (2\text{-}4)$$

式中 δ —— 斯蒂芬－波尔兹曼常数，其值为$5.67 \times 10^{-8} W \cdot m^{-2} \cdot K^{-4}$；

T_R —— 辐射体温度(K)；

ε_R ——辐射的黑度(辐射率)；

ε_i —— 冰块表面的黑度(辐射率)。

2. 实际情况下冷冻干燥中传热与传质

与一般干燥过程一样，实际上冷冻干燥也是传热和传质同时进行的操作，因而同时存在着传热和传质的阻力。升华速率可表示为：

$$\frac{dW}{dt} = \frac{A(p_i - p_C)}{R_d + R_s + R_0} \quad (2\text{-}5)$$

式中 R_d —— 食品内部已干层的阻力；

R_s —— 食品与冷阱之间部分的阻力；

R_0 —— 表面升华反应阻力；

p_C —— 低温冷凝器中水的蒸汽压(Pa)；

p_i —— 冰的蒸汽压(Pa)。

但是从传热方面来看，供热应足以满足水分升华所需，故：

$$Q = \frac{dW}{dt} L_s = \frac{A(p_i - p_C)}{R_d + R_s + R_0} \quad (2\text{-}6)$$

冷冻升华干燥中的传热和传质，有如图 2-3 所示三种代表性的基本情形。

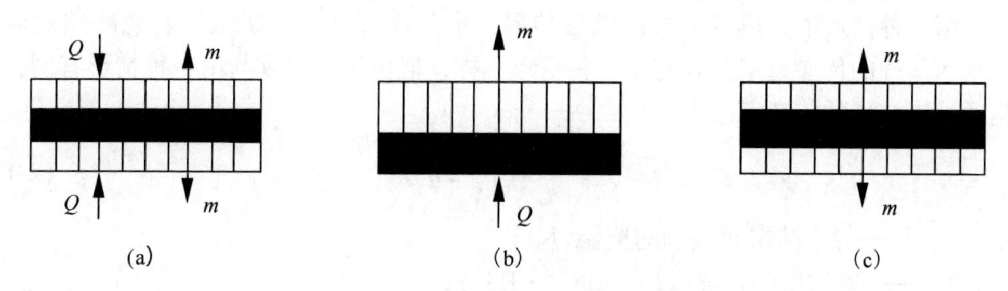

图 2-3　冷冻干燥中的传热和传质

(a)传热相传质沿同一途径，但方向相反　(b)传热经过冻结层，而传质经过已干层
(c)热量从冰的内部发生，而传质经过已干层

在图 2-3(a)情形下，被干燥物料的加热是通过向已干层辐射来进行，而内部冻结层的温度则决定于传热和传质的平衡。假定：①忽略端效应；②已干层表面达到并保持最大允许的温度值 T_S；③干燥室内的蒸汽压保持定值 p_S；④全部供热完全用于冰的升华。则任一时刻的热量 $Q_t(W)$ 可表示为：

$$Q_t = \frac{\lambda_d}{d_d}A(T_s - T_i) \tag{2-7}$$

式中　λ_d—— 已干层的热导率($W \cdot m^{-1} \cdot K^{-1}$)；

d_d—— 已干层的厚度(m^2)；

A—— 传热面积(m^2)。

另外，升华速率可表示为：

$$\frac{dW}{dt} = \frac{k_d}{d_d}A(p_i - p_s) \tag{2-8}$$

式中　k_d—— 已干层水汽透过系数($kg \cdot m^{-1} \cdot s^{-1} \cdot Pa^{-1}$)。

同时，对于给定的物料层，若在冻结层和已干层界面附近的物料湿度从初值 C_o 降至 C_f，则升华速率与界面内退缩速率之间有如下关系：

$$\frac{dW}{dt} = A\rho_a(C_o - C_f)\frac{dd_d}{dt} \tag{2-9}$$

式中　ρ_a—— 已干层内固体的松密度($kg \cdot m^{-3}$)；

C_o，C_f—— 物料的初/终湿度(kg 水分 · kg^{-1}干料)。

联立式(2-7)和式(2-8)，可得：

$$kd(p_i - p_s)L_s = \lambda_d(T_s - T_i) \tag{2-10}$$

联立式(2-8)和式(2-10)，并积分之，可得干燥时间：

$$t_d = \frac{d^2\rho_a(C_o - C_f)}{8kd(p_i - p_s)} = \frac{d^2\rho_a(C_o - C_f)L_s}{8\lambda_d(T_s - T_i)} \tag{2-11}$$

式中　t_d—— 干燥时间(s)；

d —— 料层的厚度(m)。

在第二种情形下，热量通过冻结层传递，水分通过已干层扩散。若忽略端效应不计，则水蒸气的传递速率公式与第一种情形一样，但传热过程则与第一种情形有别，主要是通过冻结层的传递，故：

$$Q = \frac{\lambda_i}{d_i} A(T_w - T_i) \tag{2-12}$$

式中 T_w —— 与冻结层相接触的壁温(K)；

λ_i —— 冻结层的热导率($W \cdot m^{-1} \cdot K^{-1}$)；

d_i —— 冻结层的厚度(m)。

在这种情形下，随着干燥过程的进行，传热和传质的难易程度要发生变化，因已干层越来越厚，故传质越来越困难；相反，因冻结层越来越薄，故传热越来越易。

第三种情形是利用微波加热作为冷冻干燥的热源，热量发生在物料的内部。理论上，使用微波应产生快速干燥，因为热量不靠物料内部的温度梯度来传递，同时冻结层温度可维持在接近最高允许的温度，而不必给界面留有多余的温度。该情形下的干燥时间仍与式(2-11)相同。

三、实验装置

含水物料的冷冻干燥是在真空冷冻干燥设备中实现的，根据所冻干的物质、要求、用途等的不同，相应的冷冻干燥装置也不同。

(一)冷冻干燥装置系统及其分类

通常，如果从装置的结构技术特征来分，冷冻干燥装置系统大致可分为制冷系统、真空系统、加热系统、干燥系统等。但从其使用目的来分，则可分为预冻系统、蒸汽和不凝结气体排除系统、供热系统以及物料预处理系统等。现将冷冻干燥的主要系统分述如下：

1. 预冻系统

物料预冻的好坏直接影响冷冻干燥产品的品质。在现代，对于冷冻干燥中物料预冻所达到的低温及其冷却速度，可以采用多种方法进行控制：①气流式；②液体浸泡式；③接触式；④液氮、液态二氧化碳法；⑤真空冻结式。

为了得到良好的冻结效果，冻结必须具备如下的条件和技术：①应避免物料因冻结而引起的破坏和损害；②解除共晶混合液(即低共熔混合液)的过冷度，确定低共熔温度以及防止冻结层熔解；③控制冻结过程的条件，使生成的纯冰晶的形状、大小和排列适当，以利于干燥的进行，又可以获得质量好的多孔性制品；④冻结体的形状要好。

2. 蒸汽和不凝结气体的排除系统

干燥过程中升华的水分必须不断而迅速地排除。若直接采用真空泵抽吸，则在高真空度下，蒸汽的体积很大，真空泵的负担太重。故一般情况下，多采用低温冷凝器(冷阱)。冷阱内的温度必须保持低于被干燥物料的温度，使物料冻结层表面的蒸汽压大于冷阱内的水蒸气分压。物料中升华的水蒸气在冷阱中大部分结霜除去后，还有部分的水蒸气和不凝结气体必须通过真空泵油走。这样就构成了冷阱真空泵的组合系统。在这种系统中，真空泵则可视为冷阱的前级泵。冷阱－真空泵的抽气系统一般被认为是冷冻升华干燥的标准系统。

除了这种标准系统外，也有不采用冷阱而直接抽气的系统。现将各种冷冻干燥真空系统简单介绍如下：

(1)带有冷阱的真空系统　带有冷阱的真空系统特点是利用冷阱以除去大量水蒸气，从而避免真空泵抽气的负担过重，并避免水蒸气使真空泵泵油变质的可能。因为多数的机械真空泵都是油封式的，若水蒸气进入泵腔，必将使泵油乳化，而导致泵的抽气能力下降或甚至因泵升温而发生停泵现象。带有冷阱的真空系统，常见的有如图 2-4 所示的几种典型例子。

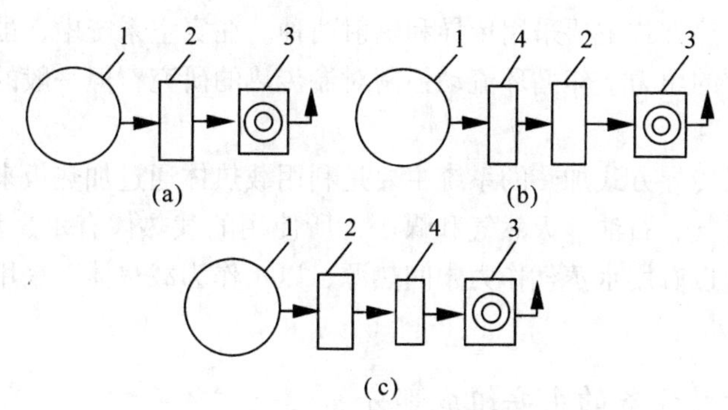

图 2-4　带有冷阱和机械真空泵的系统

(a)冷阱－机械真空泵　(b)中间增压泵－冷阱－机械真空泵　(c)冷阱－中间增压泵－机械真空泵

1. 干燥箱；2. 冷阱；3. 机械真空泵；4. 罗茨泵

(2)采用水蒸气喷射泵的真空系统　在直接采用多级水蒸气喷射泵的系统中，由于这种真空泵本身具有抽吸大量水蒸气的能力，故系统中无须配备冷阱。这时，从干燥箱出来的水蒸气和气体混合物先经蒸汽喷射升压泵提高温度和压力后，进入冷凝器冷凝，然后不凝结气体由前置多级蒸汽喷射真空泵抽走，见图 2-5。

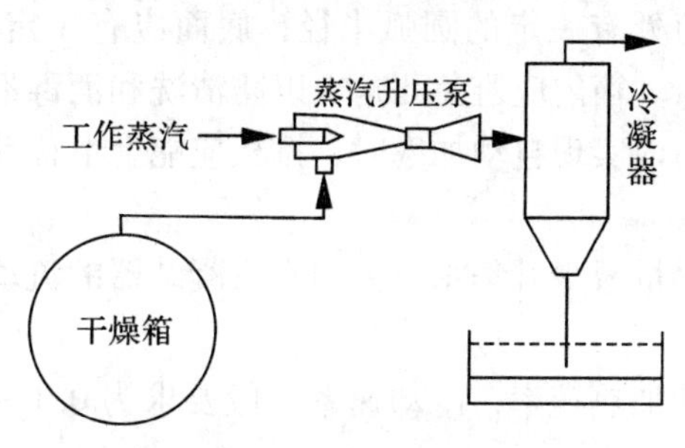

图 2-5　水蒸气喷射泵的真空系统

水蒸气喷射真空系统具有许多优点，主要是结构简单、制造容易、造价低廉、维修方便，且工作可靠、操作简单。此外，它的工作真空度的范围较宽，抽气量大。直接采用蒸汽喷射泵的真空系统中，蒸汽喷射升压泵相当于一个中间增压泵。在多级喷射泵与干燥器之间放置冷阱时，就可以利用冷阱先除去大量水蒸气，这样就不需蒸汽升压泵，而可直接与多级蒸汽喷射泵相联结。除上述真空系统外，尚有：中间增压泵－水力喷射泵、中间增压泵－水环泵、水蒸气喷射泵－水力喷射泵、水蒸气喷射泵－水环泵等。

3. 供热系统

在冷冻干燥装置中为了使冻结后的制品水分不断地升华出来，必须要不断地提供水分升华所需的热量，故供热系统的作用是供给干燥器内结冰以升华潜热，并供给冷阱内的积霜以熔解热。供给升华热时，应保证传热速率使冻结层表面达到尽可能高的蒸汽压，但又不致使它熔化。所以，热源温度应根据传热速率来确定。

冷冻干燥的传热方式主要采用传导和辐射两种。在真空系统中，虽然有利用氦和氨在几百帕到几千帕的压力下作循环流动强制对流传热的研究，但一般的对流传热是难以实现的。

冷冻干燥中以传导方式加热的系统主要是利用载热体通过加热板来实现。一般采用的热源有电流、煤气、石油、天然气和煤等，所使用的载热体有水、水蒸气、矿物油、乙二醇等。另外，也有用水蒸气作为中间热源，以水作为载热体，采用两者直接混合实现其热交换。

（二）冷冻干燥设备的主要组成部分

1. 干燥箱

干燥箱是冻干机中重要部件之一，它的性能好坏，直接影响到整个冻干机的性能，它是一个密闭容器，在其内部主要有搁置制品的搁板，搁板的温度根据要求而定。

（1）对箱体与搁板的要求

①箱体

- 箱体要有足够的强度，防止抽真空时变形。
- 箱体的泄漏应满足真空密封的要求。
- 箱体壁面内部直角处有一定的圆弧半径，底面应有一定的坡度，坡向清洗排出口，以利于清洗液的排出。箱内应避免死角，以防清洗和消毒不净而发生的污染。
- 若用液压装置在箱内实现自动加塞时，搁板应能上下移动，移动时不得倾斜以致卡死。
- 箱内零部件布置尽量减少升华水汽流向水汽凝结器的流动阻力。

②搁板

- 要有一定的冷却和加热速率，冷却速率一般要求为 0.1～1.5℃·min^{-1}，加热速率为 0.1～1.2℃·min^{-1}。
- 要求平整、光滑、传热性能好，以减少传热热阻和传热温差。
- 搁板各部分的温度应均匀一致，这样才可能使制品在冻结和升华时的温度均匀一致。

● 搁板要有一定的强度以便承受加塞力而不致产生搁板弯曲。

(2)干燥箱和搁板的结构形式　干燥箱的形状有圆柱形和矩形两种。从强度考虑，圆柱形优于矩形，但从空间利用率而言，则刚好相反。从目前各国生产的冻干机情况看，用于工业生产的多数采用矩形结构。矩形结构由于受力差，箱壁一般采用外加加强筋加固，箱板的材料视对冻干制品的要求而定，对于医用冻干机，必须采用优质不锈钢，耐腐蚀性好，含碳量少。加强筋一般用碳素钢的矩形钢、槽钢或工字钢等，视箱体的大小而定。圆柱形筒壁由于受力好，一般当长径比较小时可不采用加强筋，而底部和箱门根据形状不同需采取一些措施，以免受力时变形。

工业用冻干机搁板一般做成相同的规格(指同一台冻干箱体)，按制冷与加热的形式不同可分为四种类型：①直接制冷，直接加热；②直接制冷，间接加热；③间接制冷，直接加热；④间接制冷，间接加热。

2. 水汽凝结器(冷阱)

在冷冻干燥时须不断地排除制品中的水汽，捕捉水汽可以用化学吸附法，即利用被冷却的表面来使水汽凝结成水，这种容器称为水汽凝结器或冷阱。水汽凝结器安装在干燥箱与真空泵之间，水汽的凝结是靠箱体与水汽凝结器之间的温度差作为推动力，故水汽凝结器冷表面的温度要比干燥箱的低。

(1)对水汽凝结器的要求　水汽凝结器亦是真空系统容器之一，但它与箱体所起的作用不同，在设计时提出如下的要求：①筒体应有足够的强度；②筒体的密封要能满足真空密封的要求；③筒体内应有足够的捕水面积；④便于水蒸气的流动，但又不能产生短路；⑤水汽凝结器的传热表面温度应与凝华压力相适应。

(2)结构类型　水汽凝结器的结构类型多种多样。按放置的方式分为立式和卧式；按圆筒内凝结面的形状分为列式、螺旋管式、盘管式和蛇管式等。除了如图 2-6 所示的设在干燥箱内的以外，低温冷凝器的外形一般呈圆筒状，并且总有一大一小两个管口，串在干燥箱和真空泵之间。常见几种低温冷凝器的结构示意图如图 2-7 所示。

3. 冻结装置

(1)冷风冻结　是利用冷风使物料冻结的方法。物料在冷冻室内可静止放置，也可呈动态移动(如随螺旋输送带移动等)。

(2)搁板冻结　是最常见的冻结方式。其装置主要是搁板。搁板内通制冷剂，通过间壁传导将冷量传给物料，使物料冻结。

(3)抽空冻结

①静止抽空冻结：静止抽空冻结主要用于冻结固体制品，与一般箱内预冻装置很相似，所不同的是搁板内没有制冷管道，而是将含水的固体物质置于搁板上，将箱内抽成真空。由于固体物质有一定形状，水分均匀地分布在这些物质中。抽空时水分蒸发，随着压力的降低蒸发量增大。由于机械真空泵抽空，而水汽又未完全凝结时，易将水汽直接抽入真空泵，导致水汽污染泵中的机油而使泵的效率降低。故常采用蒸汽喷射泵来抽空，将水汽直接排到大气中。

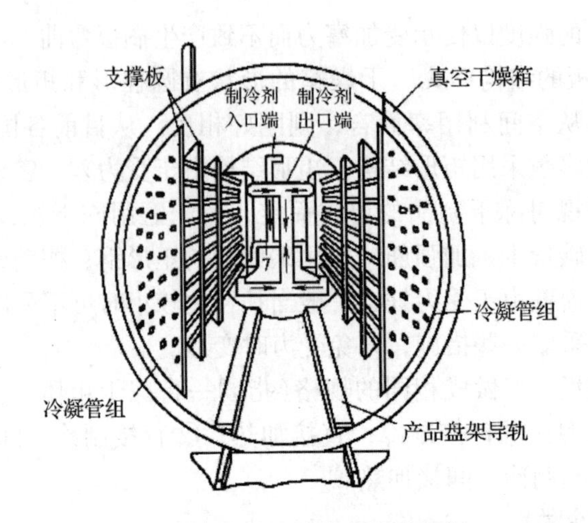

图 2-6 内置列管式低温冷凝器

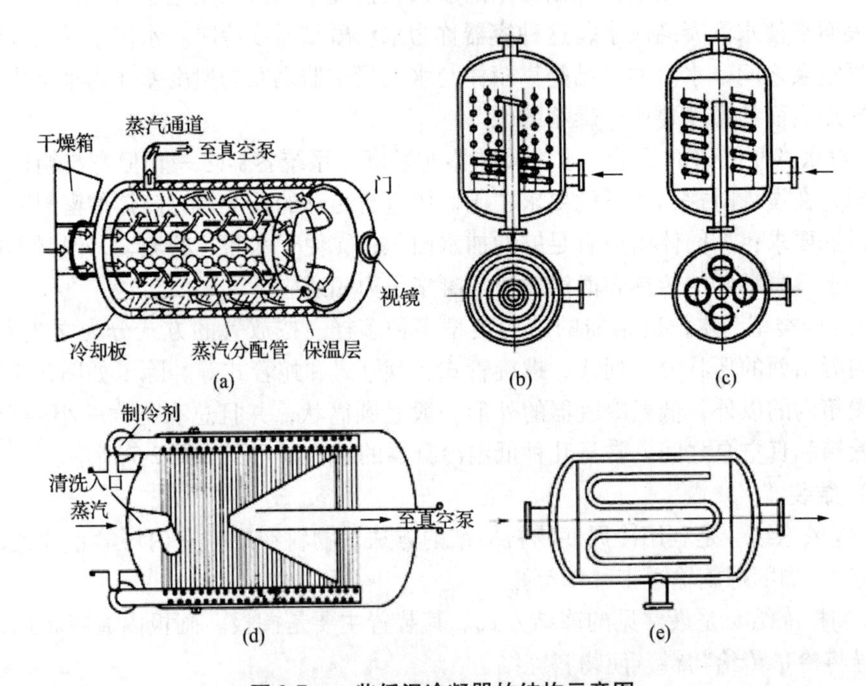

图 2-7 一些低温冷凝器的结构示意图

(a)HULL 圆筒形 (b)单螺旋管式 (c)多层螺旋管式
(d)盘管式 (e)蛇管式

②旋转抽空冻结：这种抽空冻结主要用于液体的冻结，将装有液体的安瓿置于带有角度的离心机的真空箱内，先启动离心机，达到额定转速后，启动真空泵。此时安瓿内制品中的水分因减压吸收周围分子的热量而蒸发，未蒸发的部分因失热而冻结。离心的

主要作用是不使安瓿内的液体产生沸腾起泡。这种方法冻结可以除去12%～20%的水分，冻结后溶液的浓度会变高。

(4)喷雾冻结　也是真空冻结方法之一，液体从喷嘴中呈雾状喷到一表面上，当容器内是真空时，则由于水汽的蒸发使之冻结。该表面可以是一个旋转的圆盘或一条传送带，与喷嘴的距离为几厘米，喷嘴与圆盘的轴心平行。从喷嘴喷出的液体不会马上冻结，喷到盘子表面液珠从盘子表面移开之后才发生蒸发冻结。这种冻结装置也可以用圆筒或鼓形物来代替圆盘，喷嘴与圆筒形的轴线相垂直，喷嘴置于圆筒形内部将液体喷在内壁上而产生冻结。

(5)流化冻结　流化冻结器的工作原理是用一股向上吹的高压气流吹入颗粒食品，其风速大到足以使颗粒食品不断地运动。为了使产品快速冻结，一般蒸发温度－40～－34℃为宜，此时空气温度为－30～－26℃，冻结后的产品温度可达到－15℃左右。采用这种冻结器的优点是：①防止颗粒洗涤后因水膜使产品黏结而形成颗粒结块；②便于生产过程机械化和自动化；③缩短冻结时间。

4. 加热系统及设备

在冷冻干燥装置中为了使冻结后的制品水汽不断从冷架中升华出来，必须要提供水汽升华所需的足够热量，因此要有加热系统，加热热量的多少决定于升华速率的快慢。1h若要升华1kg的水汽大约需提供2 815kJ的热量。按热量的提供方式不同，可分为直接加热和间接加热两种。

(1)直接加热方式　一般采用电热法或红外加热器。用电加热的搁板，将金属片电加热器粘贴或紧密地固定在搁板的下面，金属片可以是薄不锈钢板或其他电阻值较大的金属材料。电加热片与搁板绝缘，电加热器的热量应能根据所需的升华热用电阻自动变送器或能量调节器进行调节，以免提供过多的热量而使制品发生熔化。由于电热的热惰性较大，所以对控制要求较高。

(2)间接加热方式　间接加热在当前冻干设备中使用最为普遍，它是用载热体先加热载热介质，再将载热介质用泵送入搁板。载热体可以是蒸汽或压缩机排气，或用电加热器。载热介质常用无腐蚀性、无毒无害的流体，如水、甘油等。采用蒸汽加热或电加热的装置与常规的换热器相同。

(三)冷冻干燥装置的类型

冷冻干燥装置的类型主要分间歇式、连续式和半连续式三类。其中，在食品工业中以间歇式和半连续式的装置应用最为广泛。

1. 间歇式冷冻干燥装置

间歇式冷冻干燥装置具有许多适合食品生产的特点，故绝大多数的食品冷冻干燥装置均采用这种类型。间歇式装置的优点在于：①适应多品种小产量的生产，特别是适合于季节性强的食品生产；②单机操作，如一台设备发生故障，不会影响其他设备的正常运行；③便于设备的加工制造和维修保养；④便于控制物料干燥时不同阶段的加热温度和真空度的要求。其缺点是：①由于装料、卸出、启动等预备操作所占用的时间，设备的利用率较低；②要满足一定产量的要求，往往需要多台单机，并要配备相应的附属系统，这样设备投资费用和操作费用就增加。

间歇式冷冻干燥装置中的干燥箱与一般的真空干燥箱相似，属盘架式。干燥箱有各种形状，多数为圆筒形。盘架可为固定式，也可做成小车出入干燥箱，料盘置于各层加热板上。如为辐射加热方式，则料盘置于辐射加热板之间。物料可于箱外预凉而后装入箱内，或在箱内直接进行预冻。采用箱内预冻的物料，干燥箱必须与制冷系统相连接，见图 2-8。

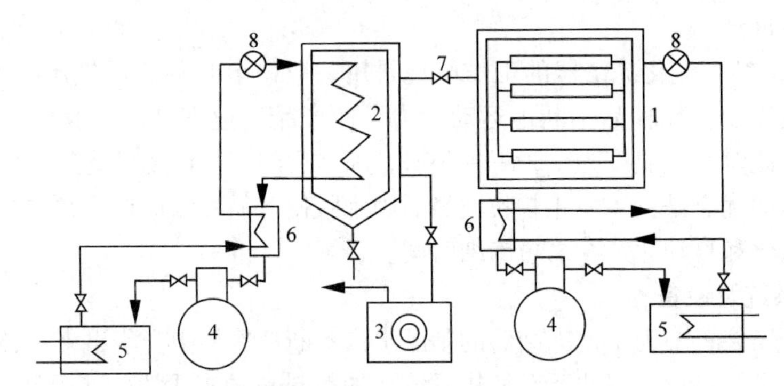

图 2-8　间歇式冷冻干燥装置

1. 干燥箱；2. 冷阱；3. 真空泵；4. 制冷压缩机；5. 冷凝器；
6. 热交换器；7. 冷阱进口阀；8. 膨胀阀

2. 多箱间歇式和隧道式冷冻干燥装置

针对间歇式设备生产能力低、设备利用率不高等缺点，在向连续化过渡的过程中，出现了多箱间歇式及半连续隧道式等设备。多箱间歇式设备是由一组干燥箱构成，使每两箱的操作周期互相错开而搭叠。这样在同一系统中，各箱的加热板加热、水汽凝结器供冷以及真空抽气均利用同一集中系统，但每箱则可单独控制。同时，这种装置也可用于不同品种的同时生产，提高了设备操作的灵活性，见图 2-9。

半连续隧道式冷冻干燥器，如图 2-10 所示。升华干燥过程是在大型隧道式真空箱内进行的，料盘以间歇方式通过隧道一端的大型真空密封门进入箱内，以同样方式从另一端卸出。这样，隧道式干燥器就具有设备利用率高的优点，但不能同时生产不同的品种，且无转换生产另一品种的灵活性。

3. 连续式冷冻干燥装置

顾名思义，连续式冷冻干燥装置是从进料到出料连续进行操作的装置。它的优点在于：①处理能力大，适合于单品种生产；②设备利用率高；③便于实现生产的自动化；④劳动强度低。其缺点是：①不适用于多品种小批量的生产；②在干燥的不同阶段，虽可控制在不同的温度下进行，但不能控制在不同真空度下进行；③设备复杂、庞大，制造精度要求高，且投资费用大。

连续式冷冻干燥装置有多种，图 2-11 为一种在浅盘中进行干燥的连续冷冻干燥器。所用料盘为简单的平盘，制品装成薄层，这样干燥速度快。采用辐射加热法，辐射热由

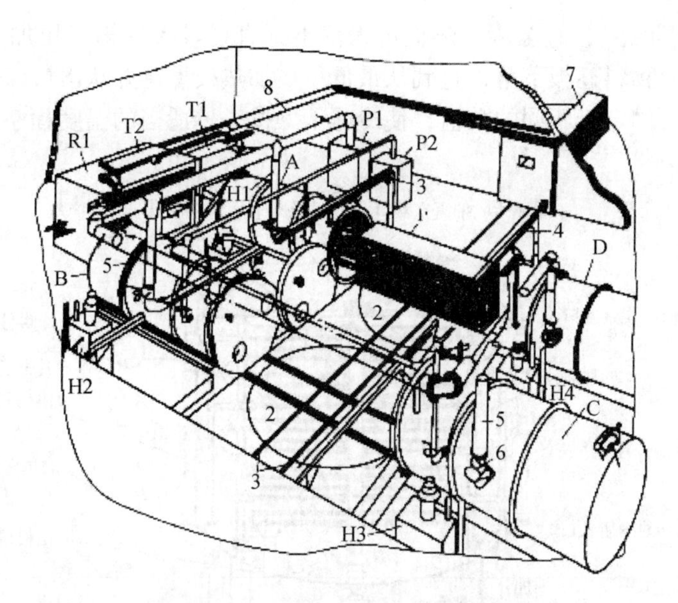

图 2-9　多箱间歇式冷冻干燥装置

1. 载物车；2. 地面导轨转盘；3. 地面导轨；4. 空中导轨；5. 通 P1，P2 的管路；
6. 阀门；7. 制冷剂入口管路（主管、分管）；8. 制冷剂出口（主管、分管）
P1，P2—真空泵；A，B，C，D—干燥箱；R1—冷凝器；
T1，T2—主供热器；H1，H2，H3，H4—分加热器

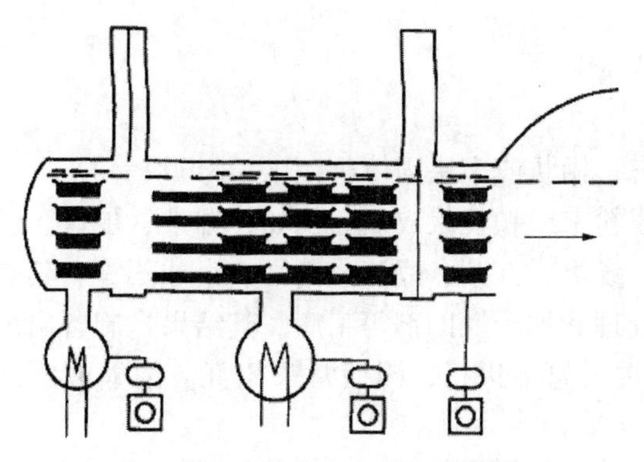

图 2-10　半连续隧道式冷冻干燥装置

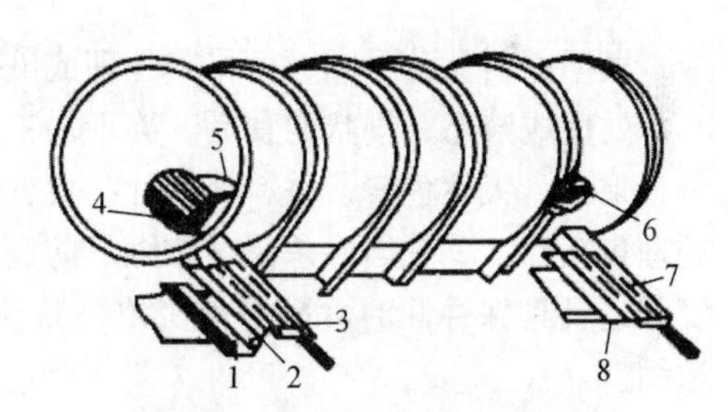

图 2-11　连续式冷冻干燥装置

1. 进料口；2. 提升器；3. 密封门；4. 进口升降器；
5. 加热板；6. 出口升降器；7. 出口密封门；8. 出口

水平的加热板产生，加热板又分成不同温度的若干区段。每一浅盘在每一温度区域停留一定时间，这样可缩短干燥总时间。

图 2-12 为另一种连续冷冻干燥器，是一种不使用浅盘处理颗粒制品的干燥器。如图所示，经预冻的颗粒制品从顶部进料，加到顶部的圆形加热板上，干燥器的中央立轴上装有带铲的搅拌器。旋转时，铲子搅动物料，不断使物料向中心方向移动，一直移至加热板内缘而落入第二块板上。在下一块板上，铲子迫使物料不断向加热板外方移动

(板的内缘为封闭态)，直至从加热板边缘落下到直径较大的第三块加热板上，此板与顶板相同。如此物料逐板下落，直到从最低一块加热板掉落并从出口卸出。这种干燥器加热板的温度可固定于不同的数值，使冷冻干燥按一种适当的温度程序来进行。

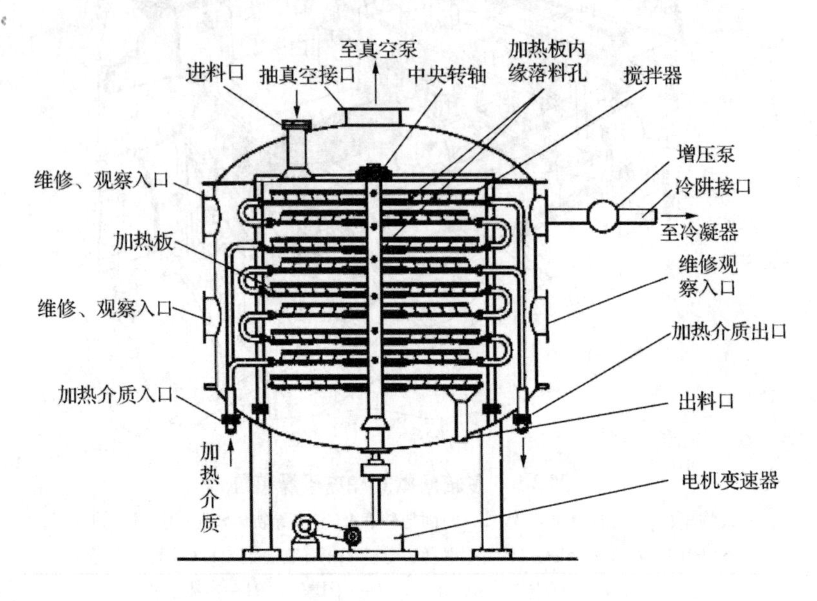

图 2-12　连续冷冻干燥装置(塔盘式)

四、实验方法

(一) 产品的前处理

根据原料品种不同，可将其处理成液态、糊状或小块固体(片状、小方块等)。

处理成液态、糊状的食品，冻干加工成粉末或颗粒状成品。例如，咖啡、蛋黄、蛋白、果汁、天然色素、香料、肉汁、贝汁、汤类、红茶、豆酱、酱油、小球藻等。其前处理包括榨汁、抽出、杀菌、浓缩、防腐处理和加干燥助剂等工序。其结果是制备出浓度合适且具保存性的食品溶液。浓缩希望在低温下进行，因而常采用真空浓缩或冻结浓缩。

固态食品(如蘑菇、蔬菜、水果、肉类等)的前处理是以通常的仪器制造法为基础，且将原料做整形调整和防变质处理，使之成为适合于冻干和保存的原料。整形调整就是将原料切成均匀的薄片、小方块或小段，在切制时应垂直于食品的纤维方向切断，以利于干燥时产生的水蒸气逸出和提高已干燥部分的传热系数。

防变质处理随原料品种而异。对于植物类食品特别是蔬菜、果实等，由于其中含有多酚氧化物、过氧化物等，在保存中将引起褐变，因而应进行钝化处理，即用蒸汽或开水短时间加热，而后冷却以杀死酶。对于不进行钝化处理的果品或为了防止在保存中氧化产生褐变，可添加亚硫酸盐、维生素 C、二硫苯噻唑和没食子酸等。

(二)共熔点及其测量方法

冻干产品内液体一般不是在某一固定温度完全凝结成固体，而是在某一温度时，晶体开始析出，随着温度的下降，晶体的数量不断增加直到最后，产品内液体才全部凝结。这样，溶液并不是在某一固定温度时凝结，而是在某一温度范围内凝结，当冷却时开始析出晶体的温度称为溶液的冰点。而溶液全部凝结的温度叫作溶液的凝固点。因为凝固点就是熔化的开始点(即熔点)，对于溶液来说也就是溶质和溶剂共同熔化的点，所以又叫作共熔点。可见，溶液的冰点与共熔点是不相同的，共熔点才是溶液真正全部凝成固体的温度。

由于冷冻干燥是在真空状态下进行，产品只有全部冻结后才能在真空下进行升华。冻干产品在升华开始时，温度必须要冷到共熔点以下，使冻干产品真正全部冻结。在冻结过程中，从外表的观察来确定产品是否完全冻结成固体是不可能的；靠测量温度也无法确定产品内部的结构状态。而随着产品结构发生变化，电性能的变化是极为有用的，特别是在冻结时电阻率的测量能使我们知道冻结是正在进行还是已经完成了，全部冻结后电阻率将非常大。因此，溶液是离子导电。冻结使离子固定不能运动，因此电阻率明显增大。而有少量液体存在时电阻率将显著下降。因此，测量产品的电阻率将能确定产品的共熔点。

正规的共熔点测量法是将一对铂电极浸入液体产品之中，并在产品中插一温度计，把它们冷却到－40℃以下的低温，然后将冻结产品慢慢升温。用惠斯顿电桥来测量其电阻，当发生电阻突然降低时，这时的温度即为产品的共熔点。电桥要用交流电供电，因为直流电会发生电解作用，整个过程由仪表记录。

也可用简单的方法来测量，即用两根适当粗细而又互相绝缘的铜丝插入盛放产品的溶液中作为电极。在铜电极附近插入一支温度计，插入深度与电极差不多，把它们一起放入冻干箱内的观察窗孔附近，并用适当方法将其固定好，然后与其他产品一起预冻。这时我们用万用表不断地测量在降温过程中的电阻数值，根据电阻数值的变化来确定共熔点。用简单方法测量的共熔点有一定的误差，因为铜电极处多少有些电解作用。万用表对于高阻值没有电桥灵敏。另外，冻结过程与熔化过程电阻的变化情况并不完全相同，但所测之值仍有实用参考价值。

一般共熔点的数值处于0～40℃不等，这与产品的品种、保护剂的种类和浓度等有关。

(三)产品的预冻

产品在进行冷冻干燥时，需要装入适宜的容器，然后进行预先冻结，才能进行升华干燥。预冻过程不仅是为了保护物质的主要性能不变；而且要使冻结后产品有合理的结构，以利于水分的升华；还要有恰当的装量，以便日后的应用。

产品的预冻方法有冻干箱内预冻法和箱外预冻法。

箱内预冻法是直接把产品放置在冻干机冻干箱内的多层搁板上，由冻干机来进行冷冻。大量的小瓶和安瓿进行冻干时为了进箱和出箱方便，一般把小瓶或安瓿分装在若干金属盘内，再装进箱子。为了改进热传递，有些金属盘制成可分离式，进箱时把底抽走，让小瓶直接与冻干箱的金属板接触；对于不可抽底的盘子要求盘底平整，以获得产品的均一性。

箱外预冻有两种方法：一种是某些小型冻干机，没有进行预冻产品的装置，只能利用低温冰箱或酒精加干冰来进行预冻；另一种是专用的旋冻器，它可把大瓶的产品边旋转边冷冻成壳状结构，然后再进入冻干箱内。

还有一种特殊的离心式预冻法，离心式冻干机就采用此法。利用在真空下液体迅速蒸发，吸收本身的热量而冻结。旋转的离心力防止产品中的气体逸出，使产品能“平静地”冻结成一定的形状，转速一般为800r/min左右。

由于冷冻中机械效应和溶质效应会对细胞和生命体产生一定的破坏作用，并且所形成的晶体大小在很大程度上也影响干燥的速率和干燥后产品的溶解速度。因此，需要有一个最优的冷却速率，以期获得最佳的产品物理性状和品质。

(四)产品的第一阶段干燥

产品的干燥可分为两个阶段，在产品内的冻结冰消失之前称为第一阶段干燥，也叫作解吸干燥阶段。产品升华时要吸收热量，因此升华阶段必须对产品进行加热。但对产品的加热量是有限度的，一般是要求升华阶段产品的温度接近共熔点温度，但又不能超过共熔点温度。

升华时产品的温度常用气压测量法来确定，把冻干箱和冷凝器之间的阀门迅速关闭1～2s的时间(切不可太长)，然后又迅速打开，在关闭的瞬间观察冻干箱内的压强升高情况，记下压强升高到某一点的最高数值。从冰的不同温度的饱和蒸汽压曲线或表上可以查出相应数值，这个温度值就是升华时产品的温度。

产品的温度也能通过对升华产品电阻的测量来推断。如果测得产品的电阻大于共熔点时的电阻数值，则说明产品的温度低于共熔点的温度；如果测得的电阻接近共熔点时的电阻数值，则说明产品温度已接近或达到共熔点的温度。

1. 主冻干的真空度

冷冻干燥时冻干箱内的压强，过去认为是越低越好，现在则认为不是越低越好，而是要控制在一定的范围之内。压强低利于产品内冰的升华，但由于压强太低时对传热不利，产品不易获得热量，升华速率反而降低。冻干箱的最适压强一般认为是在10～30Pa之间，在这个压强范围内，既利于热量的传递又利于升华的进行。超过30Pa时，产品可能熔化，此时应发出真空报警信号，切断对产品的加热，甚至启动冷冻机对冻干箱进行降温，以保护产品不致发生熔化。

冻干箱内的压强是由空气的分压和水蒸气的分压组成的，因此要使用能测量全压强的热真空计来测量真空度，而不宜使用压缩式真空计。以水银为介质的压缩式真空计由于水银蒸气有害，应禁止使用。

1g冰在压强10Pa时大约能产生10 000L的水蒸气，为了排除大量的水蒸气，仅靠机械真空泵排除是不行的。冷凝器冷却使大量水蒸气凝结在其内部的制冷表面上，因此冷凝器实际上起着水蒸气泵的作用。大量水蒸气凝结时放出的热量能使冷凝器的温度发生过度回升，冻干箱和冷凝器之间的水蒸气压力差减小，从而导致升华速率的降低。与此同时，冻干机系统内水蒸气的分压增强，使真空度恶化，进而又引起升华速率的减慢，产品吸收热量减少，产品温度上升，致使产品发生熔化，冻干失败。

因此，为了冷冻干燥出好的产品，需要保持系统内良好而稳定的真空度。冷凝器始终要低于－40℃以下的低温，因为－40℃时冰的蒸汽压为10Pa左右。

2. 主冻干的温度

在产品的第一阶段时，除了要保持冻结产品的温度不能超过共熔点以外，还要保持已干燥的产品温度不能超过崩解温度，某些已干燥的产品当温度达到某一数值时会失去刚性，发生类似崩溃的现象，失去了疏松多孔的性质，使干燥产品有些发黏，相对密度增加，颜色加深。发生这种变化的温度就叫作崩解温度。干燥产品发生崩解之后，阻碍或影响下层冻结产品升华的水蒸气通过，于是升华速度减慢，冻结产品吸收热量减少，由板层继续供给的热量就有多余，将会造成冻结产品温度上升，产品发生熔化发泡现象。

崩解温度与产品的种类和性质有关，因此应该合理地选择产品的保护剂，使崩解温度尽可能高一些，如产品的崩解温度应高于该产品的共熔点温度。崩解温度一般由试验来确定，通过显微冷冻干燥试验可以观察到崩解现象，从而确定崩解温度。

在升华干燥阶段，冻干箱的板层是产品热量的来源。板层温度高，产品获得的热量就多；板层温度低，产品获得的热量就少；板层温度过高，产品获得过多的热量使产品发生熔化；板层温度过低，产品得不到足够的热量会延长升华干燥时间。因此，对板层的温度应进行合理的控制。

板层温度的高低应根据产品温度、冻干箱的压强(即冻干箱的真空度)、冷凝器温度三个因素来确定。如果在升华干燥的时候，产品的温度低于该产品的共熔点温度较多，冻干箱内的压强小于真空报警设定的压强较多，冷凝器温度也低于－40℃较多，则板层的加热温度还可以继续提高。如果板层温度提高到某一数值之后产品的温度已接近共熔点温度，或者冻干箱的压强上升到接近真空报警的数值，或者冷凝器温度回升到－40℃，则板层温度不可再继续提高，不然会出现危险的情况。

实际上升华时板层温度的高低还与冻干机的性能有关，性能较好的冻干机，板层的加热温度可以升得高一些。

3. 主冻干的时间

升华阶段时间的长短与下列因素有关：

(1)产品的品种　有些产品容易干燥，有些产品不容易干燥。一般来说，共熔点温度较高的产品容易干燥，升华的时间短些。

(2)产品的分装厚度　正常的干燥速率大约每小时使产品的厚度下降1mm。因此，分装厚度大，升华时间也长。

(3)升华时提供的热量　升华时若提供的热量不足，则会减慢升华速度，延长升华阶段的时间。当然热量也不能过多地提供。

(4)冻干机本身的性能　包括冻干机的真空性能、冷凝器的温度和效能，甚至机器构造的几何形状等。性能良好的冻干机使升华阶段的时间较短些。

(五)产品的第二阶段干燥

一旦产品内冰升华完毕，产品的干燥便进入第二阶段。在该阶段虽然产品内不存在冻结冰，但还存在10%左右的水分，为了使产品达到合格的残余水分含量，必须对产品进行进一步的干燥。

在解吸阶段，可以使产品的温度迅速上升到该产品的最高允许温度，并在该温度一直维持到冻干结束为止。迅速提高产品温度有利于降低产品残余水分含量和缩短解吸干燥的时间。产品的允许温度视产品的品种而定，一般为25～40℃。

同时，由于产品内逸出水分的减少，冷凝器温度的下降又引起系统内水蒸气压力的下降，这样往往使冻干箱的总压力下降到低于10Pa。这就使冻干箱内对流的热传递几乎消失，产品温度上升很缓慢。为了改进冻干箱传热，使产品温度较快地达到最高允许温度，以缩短解吸干燥阶段时间，要对冻干箱内的压强进行控制，控制的压强范围在15～30Pa之间。一般使用校正漏孔法对冻干箱内的压强进行控制。此外，也可采用间歇开关冻干箱和冷凝器之间阀门、真空泵间歇运转以及冷凝器冷冻机间歇运转等方法控制压强。

一旦产品温度达到许可温度之后，为了进一步降低产品内的残余水分含量，高真空的恢复是十分必要的。这时，上述控制压强的方法应停止使用。在冻干箱恢复高真空的同时，冷凝器由于负荷减少、温度下降，也达到了最低的极限温度。这样，使冻干箱和冷凝器之间水蒸气压力差达到了最大值。这种状况非常有利于产品内残余水分的逸出，一般应维持此状况不小于2h才可以结束冻干。

解吸阶段的时间长短取决于下列因素：

(1)产品的品种　产品不同，干燥的难易不同；同时，产品不同，最高许可温度也不同。最高许可温度较高的产品，时间可相应短些。

(2)残余水分的含量　残余水分的含量要求低的产品，干燥时间较长。产品的残余水分的含量应有利于该产品的长期存放，太高、太低均不好。应根据试验来确定。

(3)冻干机的性能　在解吸阶段后期能达到高真空度，冷凝器温度低的冻干机，其解吸干燥的时间可短些。

(4)是否采用压强控制法　如果采用压强控制法，则改进了传热，使产品达到最高许可温度的时间缩短，解吸干燥的时间也缩短。

(六)影响干燥过程的因素

冷冻干燥过程实际上是水的物理变化及其转移过程，在整个冻干过程中进行着热量和质量的传递。热量的传递贯穿冷冻干燥的全过程中，预冻阶段、干燥的第一阶段和第二阶段以及化霜阶段均进行着热量的传递。质量的传递仅在干燥阶段进行，冻干箱中制品产生的水蒸气到冷凝器内凝华成冰霜的过程，实际上也是质量传递的过程，只有发生了质量的传递产品才能获得干燥。在干燥阶段，热的传递是为了促进质量的传递，改善热的传递也能改善质量的传递。

干燥的速率与冻干箱和冷凝器之间的水蒸气压力差成正比，与水蒸气流动的阻力成反比。水蒸气压力差越大，流动的阻力越小，则干燥的速率越快。水蒸气的压力差取决于冷凝器的有效温度和产品温度的温度差。因此，要尽可能地降低冷凝器的有效温度和最大限度地提高产品的温度。

水蒸气的流动阻力来自以下几个方面：

(1)产品内部的阻力　水分子通过已经干燥的产品层的阻力。这个阻力的大小与干燥层的结构与产品的种类、成分、浓度、保护剂等有关。

(2)容器的阻力　容器的阻力主要来自瓶口之处，因为瓶口的截面较小，瓶口处可能还有某些物品，如带槽的橡皮塞、纱布等。瓶口截面大，其阻力小。

(3)机器本身的阻力　主要是冻干箱与冷凝器之间管道的阻力，管道粗、短、直，则阻力小。另外，阻力还与冻干箱的结构和几何形状有关。

(4)产品的温度　提高冻干箱内产品的温度，能增加冻干箱内水蒸气压力，加速水蒸气流向冷凝器，加快质的传递，增加干燥速率。但是提高产品的温度是有一定限度的，不能使产品温度超过共熔点的温度。

降低冷凝器的温度，也就降低了冷凝器内水蒸气的压力，也能加速水蒸气从冻干箱流向冷凝器，同样能加快质的传递，提高干燥速率。但是更大幅度地降低冷凝器的温度需增加投资和运行费用。

减少水蒸气的流动阻力也能加快质量的传递，提高干燥速率。减小产品的分装厚度；合理地设计瓶、塞、减少瓶口阻力；合理地设计冻干机，减小机器的管道阻力；选择合适的浓度和保护剂，使干燥产品的结构疏松，减小干燥层的阻力；试验最优的预冻方法，造成有利于升华的冰晶结构等，这些方法均能促进质量的传递，提高干燥速率。

(七)冻干的后处理

产品在冻干箱内工作完毕之后，需要开箱取出产品，并且干燥的产品要进行密封保存。由于冻干箱内在干燥完毕时仍处于真空状态。因此，产品出箱必须放入气体，才能打开箱门取出产品。由于产品的保存要求各不相同，因此出箱时的处理也各不相同。有些产品仅需放入无菌干燥空气，然后出箱密封保存即可；有些产品需充氮保存。在出箱时放入氮气，出箱后再充氮密封保存；有些产品需真空保存，在出箱后再重新抽真空密封保存。

干燥的产品一旦暴露在空气中，很快会吸收空气中的水分而潮解；特别是在潮湿的天气，使本来已干燥的产品又增加含水量。因此，产品一出箱就应迅速封口，如果因数量多而封口时间太长，应采取适当的措施，或分批出箱，或转移到另一个干燥柜中。

冷冻干燥的产品由于是真空干燥的，因此不受氧气的影响。在出箱时由于放入空气，空气中的氧气会立即侵入干燥产品的缝隙中，一些活性的基团会很快与氧结合，对产品产生不可挽回的影响，即使再抽真空也无济于事，因为这是不可逆的氧化作用。如果出箱时放入惰性气体(如氮气)，出箱后氧气就不易侵入产品的缝隙。然后，用氮气赶走产品容器内的空气，再封口，则产品受氧损害的程度能减轻。

最根本解决产品受空气中水分和氧气影响的办法是采用箱内加塞的办法。该方法需采用特殊装置的冻干箱和特制的瓶与塞互相配合，塞子需稳定地放置在瓶子之上，但未塞紧，而是塞上一半，俗称半加塞。由于塞子上有一些可通气的缺口和小孔，因此并不影响冰的升华。在产品干燥完毕之后，可以在真空下或在放入惰性气体的情况下开动冻干箱的机械装置，使整箱的塞子全部压紧，然后放入空气出箱，再将瓶塞压上铝帽或封蜡，使密封性更好。

箱内加塞的机械装置是在冻干箱内特殊设计的，按加塞的动力不同可分为液压和气动两种方法；同时，冻干箱内的板层又分为固定式和活动式两种。现在国内大多数是液压马达活动式板层的箱内加塞装置。

箱内加塞对使用的瓶子和塞子有较高的要求。要求瓶子的高度、瓶口内径、塞子外径的误差要小，塞子需采用透气性差的丁基橡胶，天然橡胶不宜采用。产品加塞完毕，放气出箱，压上铝帽，贴上标签后可包装入库，待检验合格后即为正式产品。

五、实验结果

(一)冻干曲线时序的制定

冻干曲线是冻干箱板层温度与时间之间的关系曲线。一般以温度为纵坐标，时间为横坐标。它反映了在冻干过程中，不同时间板层温度的变化情况。冻干时序是在冻干过程中不同时间各种设备的启闭运行情况，冻干曲线和时序是进行冷冻干燥过程控制的基本依据。

1. 制订冻干曲线考虑因素

制订冻干曲线以板层为依据是因为产品温度是受板层温度支配的，控制了板层温度也就控制了产品温度。

(1)产品的品种　产品不同则共熔点不同，共熔点低的产品要求预冻的温度低；加热时板层的温度也相应要低些。有些产品受冷冻的影响较大，有些产品则影响较小。要根据试验找出一个产品的最优冷冻速率，以获得高质量的产品和较短的冷冻干燥时间。另外，产品不同，对残余水分的要求也不同。残余水分含量要求低的产品，冻干时间需长些；残余水分含量要求高的产品，冻干时间可缩短。

(2)装量的多少　它影响着冻干曲线的制订。一是总装量的多少；二是每一容器内产品装量的多少。装量多的，冻干时间也长。

(3)容器的品种　这也是需要考虑的因素，底部平整和较清洁的瓶子传热较好。底部不平或玻璃厚的瓶子传热较差，后者显然冻干时间较长。

(4)机器性能　冻干机性能的优劣直接关系到冻干曲线的制订。冻干机有各种不同的型号，因此它们的性能也各不相同。有些机器的性能好，板层之间温差小，冷凝器的温度低，冰负荷能力大，冻干箱与冷凝器之间的水蒸气流动阻力小，真空泵抽速快，真空度好而稳定。有些机器则差一些。因此，尽管是同一产品，当用不同型号的冻干机进行冻干时，曲线也不同。

2. 制订冻干曲线和时序时要确定的数据

(1)预冻速率　大部分机器不能控制预冻速率，因此只能以预冻温度和装箱时间来决定预冻速率。要求预冻的速率快，则冻干箱先降至降低的温度，然后才让产品进箱。要求预冻的速率慢，则产品进箱之后再让冻干箱降温。

(2)预冻的最低温度　这个温度取决于产品的共熔点温度，预冻最低温度应低于该产品的共熔点温度。

(3)预冻的时间　产品装量、容器、冻干箱冷冻能力及板层间的温差，均对预冻时间有影响。为了使箱内每一瓶产品全部冻实，一般要求在样品的温度达到预定的最低温度之后再保持1～2h的时间。

(4)冷凝器降温的时间　冷凝器要求在预冻末期，预冻尚未结束，抽真空之前开始降温。之前多少时间要由冷凝器机器的降温性能来决定。要求在预冻结束抽真空的时候，冷凝器的温度要达到40℃左右，好的机器一般之前0.5h开始降温。

冷凝器的降温通常从开始之后一直持续到冻干结束为止，温度始终应在－40℃以下。

(5)抽真空时间　预冻结束就是开始抽真空的时间，要求在0.5h左右的时间真空度能达到100Pa。抽真空的同时，也是冻干箱冷凝器之间的真空阀打开的时候，真空泵和真空阀门打开同样一直持续到冻干结束为止。

(6)预冻结束的时间　预冻结束就是冻干箱冷冻机的运转停止，通常在抽真空的同时或真空抽到规定要求时停止冷冻机的运转。

(7)开始加热时间　一般认为开始加热的时间(实际上抽真空开始，升华即已开始)是在真空度达到10Pa之后，有些冻干机利用真空继电器自动接通加热，即真空度达到10Pa时，加热便自动开始；有些冻干机是在抽真空之后0.5h开始加热，这时真空度已达到10Pa甚至更高。

(8)真空报警工作时间　由于真空度对于升华是极其重要的，因此新式的冻干机均设有真空报警装置。真空报警装置的工作时间在加热开始之时到校正漏孔使用之前，或从一开始一直使用到冻干结束。在升华过程中真空度下降而发生真空报警时，一方面发出报警信号，另一方面自动切断冻干箱的加热；同时，还启动冻干箱的冷冻机对产品进行降温，以保护产品不致发生熔化。

(9)校正漏孔的工作时间　校正漏孔的目的是为了改进冻干箱内的热量传递，通常在第二阶段工作时使用，继续恢复高真空状态。使用时间的长短由产品的品种、装量和调定的真空度的数值所决定。

(10)产品加热的最高许可温度　板层加热的最高许可温度根据产品来决定，在升华时板层的加热温度可以超过产品的最高许可温度，因为这时产品仍停留在低温阶段，提高板层温度可促进升华；但冻干后其板层温度需下降到与产品的最高许可温度相一致。由于传热的温差，板层的温度可比产品的最高许可温度略高少许。

(11)冻干的总时间　冻干的总时间是预冻时间加上升华时间和第二阶段工作的时间。总时间确定，冻干结束时间也确定。这个时间根据产品的品种、瓶子的品种、装箱方式、装量、机器性能等来决定，一般冷冻工作的时间较长，在18～24h左右，有些特殊的产品需要几天的时间。

(二)实验数据记录

实验序号	①	②	③
实验材料名称			
实验材料质量/g			
预冻时间/min			
最高许可温度/℃			
冻干总时间/min			
冻干曲线效果评价及说明			

【思考题】

1. 冷冻干燥都有哪些主要设备，它们在构造上有什么主要区别?
2. 绘制冷冻干燥曲线时有哪些主要因素对结果的影响较大?

第二节　超临界流体萃取实验

一、实验目的

超临界流体具有溶解其他物质的特殊能力，1822年法国医生Cagniard首次发表物质的临界现象，1879年Hannay和Hogarth二位学者研究发现无机盐类能迅速在超临界乙醇中溶解，减压后又能立刻结晶析出。

本实验的目的，是通过超临界CO_2萃取装置，了解超临界CO_2萃取的原理及萃取分离过程。

二、实验原理

(一)超临界流体萃取的原理

超临界流体萃取(SCFE)分离过程的原理是利用超临界流体的溶解能力与其密度的关系，即利用压力和温度对超临界流体溶解能力的影响而进行的。在超临界状态下，将超临界流体与待分离的物质接触，使其有选择性地把极性大小、沸点高低和相对分子质量大小的成分依次萃取出来。当然，对应各压力范围所得到的萃取物不可能是单一的，但可以控制条件得到最佳比例的混合成分，然后借助减压、升温的方法使超临界流体变成普通气体，被萃取物质则完全或基本析出，从而达到分离提纯的目的，所以超临界CO_2萃取过程是由萃取和分离过程组合而成的。

(二)超临界流体技术发展历史

早在1822年，Cagniard首次报道了物质的临界现象，超临界流体(supercritical fluid，SCF)技术被誉为孕育百年的发明，关于SCF的发现和研究，至今已有一个多世纪，但是超临界流体在石油、化工、医药、食品等方面的应用研究仅有几十年的历史。1850年，英国女王学院Andrew博士对CO_2的超临界现象进行了研究，并于1869年在英国皇家学术会议上发表了超临界实验装置和超临界实验现象观察的文章。1879年10月，英国科学家Hannay和Hogarth发现，SCF溶解固体物质的能力大小主要依赖于压力。继Hannay之后，人们又发现许多超临界溶剂，如N_2O、SO_2、N_2、低链烃等。1978年1月，在原西德举行的首次SCF技术研讨会，可称为是现代SCF技术开发的里程碑，这次会议不仅对该技术的推广应用产生巨大影响，也促进了对更多相关问题开展研究。这主要包括：SCF分离过程基本原理及相平衡理论、测试手段、基础数据及其应用范围、设备结构和设计方法等。

自Zosel（1962）首先提出采用超临界流体萃取技术(supercritical fluid extraction，SFE)脱除咖啡豆中咖啡因及使之工业化以来，SFE作为新型分离技术受到世人瞩目。超临界流体萃取分离技术在解决许多复杂分离问题，尤其是从天然动植物中提取一些有价值的生物活性物质，如β-胡萝卜素、甘油酯、生物碱、不饱和脂肪酸等，已显示出了巨大的优势。近年来，超临界流体萃取技术的开发研究吸引了国内外大批的学者，发表了大量的研究报告，应用领域涉及食品工业、医药工业、化学工业等。尤其是超临界CO_2萃取在食品及医药工业中的应用得到了特别的关注。并且，随着超临界流体萃取技术的深入研究，一些中小规模的生产厂家开始建成。1978年，原西德HAG公司首先建成了拥有四台$40m^3$超临界CO_2萃取生产线。1982年，原西德HEG建成年处理5 000t物料的超临界流体萃取技术生产厂家。现在，日本、美国、韩国等国家也陆续建立一些中小规模的超临界流体萃取技术生产厂家。

1988年，国际上专门的超临界学术期刊《超临界流体学报》(*Journal of Supercritical Fluids*)出版，同时众多刊物也重点报道关于超临界流体方面的研究内容。1988年，在法国 Nice 召开了第一届世界超临界流体学术研讨会，目前每三年一次的超临界国际会议已召开了 6 次。从世界范围来看，超临界流体萃取技术正以不可抗拒的力量推向石油、化工、医药、食品等工业领域，并逐步向工业化生产迈进。我国在超临界流体萃取技术方面的起步较晚。1985 年北京化工学院(现为北京化工大学)从瑞士进口第一台超临界流体萃取设备，并进行了一些初步的超临界萃取理论方面的探讨。此后，清华大学、华东化工学院(现为华东理工大学)、中国科学院大连化学物理研究所等单位也相继从瑞士、日本、美国等地引进超临界流体萃取设备。1996 年 10 月，我国召开了第一届"全国超临界流体技术及应用研讨会"，目前已召开了 5 届全国超临界流体技术研讨会，国内的专家、学者发表了大量有关超临界流体基础理论研究及应用文章。在"八五"、"九五"、"十五"期间，超临界流体萃取技术在食品工业中的应用、推广及国产化生产装置的研制，先后被国家科学技术委员会(现为科学技术部)和国家计划委员会(现为国家发展和改革委员会)列为国家级重点科技攻关项目。当前，我国超临界流体萃取技术已开始逐步从研究阶段走向工业化。

(三)超临界流体技术简介

众所周知，纯物质在临界状态下有其固有的临界温度(T_c)和临界压力(P_c)，当温度大于临界温度且压力大于临界压力时，便处于超临界状态，SCF 就是指处于超过物质本身的临界温度和临界压力状态时的流体。SCF 兼具液体和气体的优点，密度接近液体，黏度只是气体的几倍，远小于液体；扩散系数比液体大 100 倍左右，因而更有利于传质；此外，SCF 具有非常低的表面张力，较易透过微孔介质材料。SCF 具有选择性溶解物质的能力，而且这种能力随超临界条件(温度、压力)而变化，因此，在超临界状态下，SCF 可从混合物中有选择性地溶解其中的某些组分，然后通过减压升温或吸附将其分离析出，这种化工分离手段称为 SFE 技术。由于 SCF 的传质性能好，因此 SFE 与通常的液体萃取相比达到平衡的时间短，分离效率高，产品质量好。用一般的蒸馏方法分离含热敏性成分时，容易引起热敏性成分热的分解或聚合，而采用 SFE 技术，通过选择合适的溶剂便可在较低的温度下操作，适合于分离含热敏性成分的原料，这对于食品工业具有十分重要的意义。传统溶剂萃取工艺必须回收溶剂，消耗大量热能，而 SCF 与萃取物分离后，只要重新压缩就可循环利用，能耗大大降低。在食品工业中，要求分离出的产品纯度高，不含有毒有害物质，而一般的蒸馏和萃取技术往往不能满足这些要求，SFE 则可实现产品中无溶剂残留。目前用于天然产物的 SFE 技术主要基于固定床，其基本的工艺流程为：原料经除杂粉碎等一系列预处理后装入萃取器中，系统充入 SCF 并加压，物料在 SCF 作用下，可溶成分进入 SCF 相，流出萃取器的 SCF 相经减压调温或吸附作用，可选择性地从 SCF 相分离出萃取物的各组分，SCF 再经调温和压缩回到萃取器循环使用。考虑到天然产物的特点，一般选高压泵的工艺流程，该流程输送量大，噪声小，热效应小，总能耗低且输送过程稳定，主要设备是由高压萃取器、分离器、换热器、高压泵、贮罐以及连接这些设备的管道阀门和接头组成。总之，通过选用适宜的 SCF 和调节超临界条件，可以部分替代蒸馏和萃取操作或完成它们不宜完成的分离过程，且产品质量好，分离效率高，节省能源，并能满足医药产品的特殊要求。其中应用最多的是超临界 CO_2流体萃取，用于亲脂性且相对分子质量较小的药物的萃取，而对于极性大、相对分子质量大的天然产物，则需加夹带剂或较高的压力。

（四）超临界 CO_2流体技术发展趋势

与传统的提取技术相比，尽管超临界 CO_2流体萃取技术具有无可比拟的优势，但它也存在自身不可克服的问题，主要表现在：①对极性大、相对分子质量超过 500 的物质萃取效果较差，需要添加夹带剂或在很高的压力下萃取，这就要选择合适的夹带剂或增加高压设备；②对于成分复杂的原料，单独采用超临界 CO_2流体往往满足不了纯度的要求，需要与其他的分离手段联用；③超临界 CO_2流体的临界压力偏高，增大了设备的固定投资，有人建议采用丙烷代替 CO_2。正是基于上述原因，目前超临界 CO_2流体技术具有以下几个发展趋势：①超临界染色技术、超临界沉淀技术、超临界反应、超临界色谱、超临界挤压等新型超临界技术的发展迅速；②选择合适的改性剂和寻求适宜的超临界流体势在必行；③超临界流体技术与其他高新技术联用。

1. SFE－精馏分离技术

为了提高超临界 CO_2流体的分离效果，可将超临界 CO_2流体萃取装置与分子蒸馏、精馏柱、层析柱联用，最大限度地发挥超临界 CO_2流体的萃取分离效果。如在提取维生素 E 上，采用超临界 CO_2流体萃取－精馏技术比单纯的超临界 CO_2流体萃取技术效果更好，SFE－精馏技术能更好地脱除色素及胶质，提高维生素 E 的纯度。

2. SFE－SFC（GC、HPLC）检测技术

SFE 与其他分析方法的联用有离线和在线两种。离线方式较简单，但在线联用因自动化程度高、定量准确快速、回收率高和灵敏度高等特点而备受青睐。

（1）SFE－SFC（超临界色谱）联用　SFE－SFC 直接联用在大分子分析中较具优势，在食品中农药残留的分析方面具有很大发展前途。如采用用 N_2 干燥的 C_{18} 前置柱可以从食品中萃取有机磷杀虫剂。

（2）SFE－GC 联用　这是 SFE 与色谱技术联用最成功的一种模式。大多通过一根毛细管限流器对 SFE 进行降压，然后低温捕集萃取物，再快速升温切换进样而实现的。接口方法有：①柱头进样式 SFE－GC。它具有不需改进仪器、不需中间处理样品、灵敏度高、峰形好等优点。适用于痕量不稳定化合物的检测。②分流式 SFE－GC。SFE 流体减压后通过使用从萃取池到 GC 进样器的热导线进入常规分流/无分流进样器。它克服了柱头进样式的缺点，可用于大样品量（$<15g$、含水分和脂肪的样品）。③使用外接 GC 的积蓄器。所有气态流出物均引入毛细管中，增加了萃取时间和共萃取效应。

（3）SFE－HPLC 联用　SFE－HPLC 具有高选择性、高灵敏度、自动化程度高等特点，它操作简单、快速，可完成动态分析过程。采用 SFE－HPLC，以 CO_2 和 N_2O 作流动相可分离、提取、在线分析咖啡因、辣椒红色素、维生素和生物碱等，但在我国尚无这方面的研究报道。

3. SFE－SFR（SFF）萃取分离技术

有研究证明，采用超临界萃取（SFE）与超临界反应（supercritical fluid reaction，SFR）或超临界分馏（supercritical fluid fraction，SFF）联用技术，萃取分离效果明显好于SFE或SFR、SFF单一技术的效果。如在SFE脱咖啡因的工艺中，若采用SFE－SFR联用技术，脱除效率明显提高。SFE－SFR或SFE－SFF联用技术流程见图2-13。通常SFF和SFR均在SFE提取后应用。该种联用技术目前已成功地应用到油脂精炼脱胶过程，脱胶效果良好，与传统的脱胶方式相比，无溶剂残留，脱胶彻底，脱胶后的精炼油品质良好。

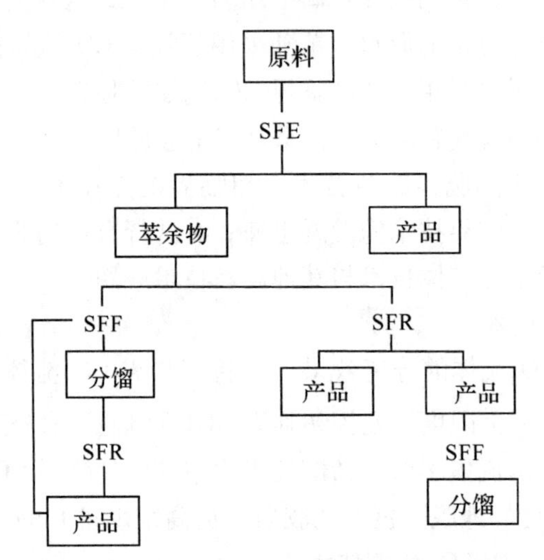

图2-13 SFE与SFR、SFF联用技术流程

（五）超临界流体萃取的特点

①超临界流体萃取可以在接近室温（35～40℃）及CO_2气体笼罩下进行提取，有效地防止了热敏性物质的氧化和逸散。因此，在萃取物中保持着活性生物物质的有效成分，而且能把高沸点、低挥发性、易热解的物质在远低于其沸点温度下萃取出来。

②使用SCFE是最干净的提取方法，由于全过程不用有机溶剂，因此萃取物绝无残留的溶剂物质，从而防止了提取过程中对人体有害物的存在和对环境的污染，保证了100%的纯天然性。

③萃取和分离合二为一，当饱和的溶解物的CO_2流体进入分离器时，由于压力的下降或温度的变化，使得CO_2与萃取物迅速成为两相（气液分离）而立即分开，不仅萃取的效率高而且能耗较少，提高了生产效率也降低了费用成本。

④CO_2是一种不活泼的气体，萃取过程中不发生化学反应，且属于不燃性气体，无味、无臭、无毒、安全性非常好。

⑤CO_2气体价格便宜，纯度高，容易制取，且在生产中可以重复循环使用，从而有效地降低了成本。

⑥压力和温度都可以成为调节萃取过程的参数，通过改变温度和压力达到萃取分离的目的：压力固定，通过改变温度也同样可以将物质分离开来。反之，将温度固定，通过降低压力使萃取物分离，因此工艺简单容易掌握，而且萃取的速度快。

三、实验装置

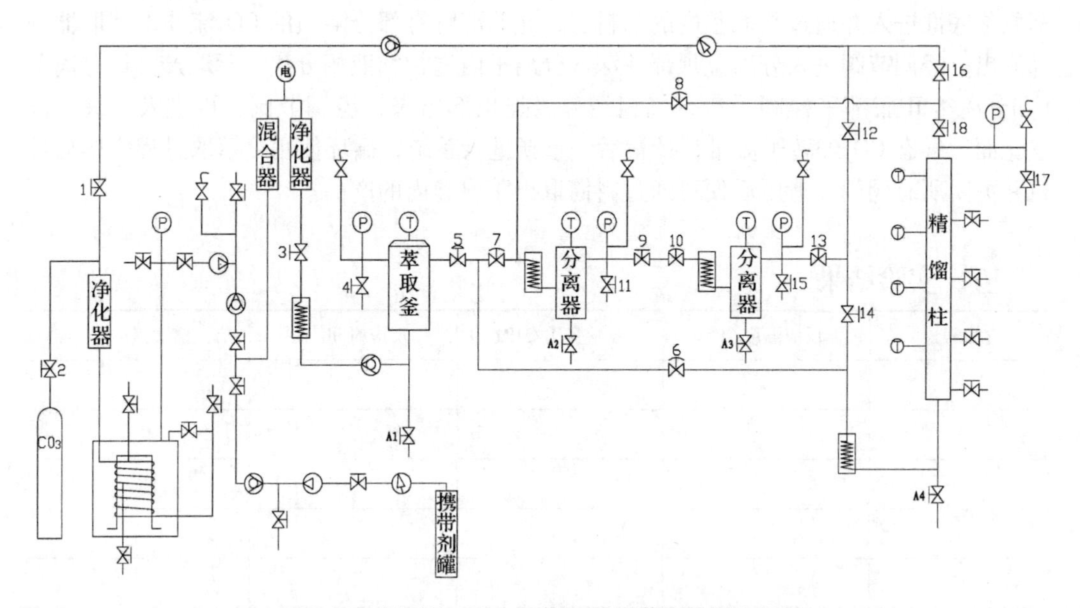

图 2-14　HA121－50－01 型超临界萃取装置流程图

四、实验方法

1. 工艺流程

原料→过筛→称重→装料→密封→升温升压到预定值→超临界状态下萃取→由分离釜得到产品

实验开始前，首先检查各密封元件接口处是否紧固，通 CO_2气体检漏，在听不到漏气声后，开始冷却系统和循环水加热系统，使冷却温度达到设定的－5℃，循环水温度达到设定温度，温度波动幅度达到允许范围，将一定质量的物料装入装料筒，拧紧顶盖分布板放入萃取釜，再拧紧萃取釜密封顶盖。打开阀门和调频柱塞泵开关，调节各阀门开度，使压力、流量稳定后，开始记录，当按设定条件完成萃取后，由萃出口放出粗产物进行分析。关机、排气，取出装料筒，等物料内 CO_2释放完全后，称量萃余物残渣质量，并算出萃取率。计算萃取率，公式如下：

$$萃取率(\%)=(m_1w_1-m_2w_2)/(m_1w_1)\times100$$

式中　m_1——萃取前原料质量(g)；

m_2——萃取后原料质量(g)；

w_1——萃取前原料中油脂质量分数；

w_2——萃取后原料中残留油脂质量分数。

2. 操作要点

开始超临界流体萃取实验前，要检查钢瓶中的CO_2气体压力，实验条件要求钢瓶内压力必须在4MPa以上。原料加入瓶开机后，钢瓶内的CO_2气体先经过滤器后进入冷却系统，然后由柱塞泵加压至所需压力成为超临界CO_2，依次进入净化器和预热器，再从萃取釜底部进入并通过萃取釜内的物料层，此时溶解有部分溶质的CO_2流体由萃取器顶部流出，经调节阀进入分离釜顶部并深入分离釜内进行气液相分离，萃取产品经分离釜Ⅰ和分离釜Ⅱ底部采样阀采集，气相经分离釜顶部出来，经调节阀，再进入二级分离釜，而后气态CO_2经转子流量计计量后，重新进入系统，循环使用。萃取过程完毕后停机并关闭所有阀门，泄压后便可通过料筒取出萃取釜内的产品。

五、实验结果

序号	反应温度/℃	反应压力/MPa	反应时间/ h	萃取率/ %
1				
2				
3				
4				
5				
6				
7				
8				
9				
10				

【思考题】

1. 超临界流体萃取油料与压榨法制取油料相比，其优点是什么？
2. 哪些因素对萃取率有影响？
3. 实验原料的粉末度对结果是否有影响，其原理是什么？

第三节　流体过滤实验

一、实验目的

熟悉板框压滤机的构造和操作方法，通过恒压过滤实验，验证过滤基本理论，学会测定过滤常数的方法，并了解过滤压力对过滤速率的影响。

二、实验原理

过滤是液体通过过滤介质与滤饼的流动。无论是生产还是设计，过滤计算都要有过滤常数作依据。由于滤渣厚度随着时间而增加，所以恒压过滤速度随着时间而降低。不同物料形成的悬浮液，其过滤常数差别很大，即使是同一种物料，由于浓度不同，滤浆温度不同，其过滤常数也不尽相同，故要有可靠的实验数据作参考。

过滤有两种不同的操作方式，即恒压过滤和恒速过滤。恒压过滤是指操作压力保持不变的过滤。这时，因滤饼积厚，阻力逐渐增大，过滤速率逐渐降低。恒速过滤则不同，过滤速率保持不变，而压力需逐渐加大，通常过滤操作多为恒压过滤，恒速过滤较少。有时，也有先采用恒速而后用恒压进行过滤。两种过滤方程分别为：

(1)恒压过滤

$$q^2 + 2q_e q = Kt \tag{2-13}$$

(2)恒速过滤

$$q^2 + q_e q = kp^{1-s}t \tag{2-14}$$

式中　q——单位过滤面积获得的滤液体积($m^3 \cdot m^{-2}$)；

q_e——单位过滤面积的当量滤液体积($m^3 \cdot m^{-2}$)；

t——过滤时间(s)；

K——过滤常数($m^2 \cdot s^{-1}$)；

p——过滤表压力(Pa)；

s——滤饼的压缩性指数($0 < s < 1$)。

过滤常数的定义式：

$$K = 2kp^{1-s} \tag{2-15}$$

两边取对数：

$$\lg K = (1 - s)\lg p + \lg(2k) \tag{2-16}$$

通过实验数据描绘 $t/q \sim q$ 直线，通过直线求常数 K，q_e，代入式(2-13)。测定不同压力下 K，描绘 $\ln K \sim \ln p$ 直线，通过直线求常数 k，s，代入式(2-16)，建立方程。

三、实验方法一

（一）实验装置

如图 2-15 所示，滤浆槽内配有一定浓度的悬浮液，用电动搅拌器进行均匀搅拌。启动旋涡泵，调节阀门 3 使压力表 5 指示在规定值。滤液在计量桶内计量。洗涤过程的流程如图 2-16 所示。

板框压滤机过滤流程如图 2-17 所示。

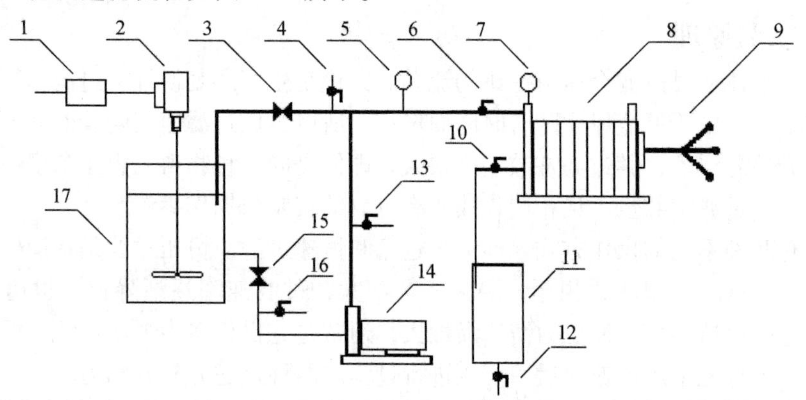

图 2-15　恒压过滤实验流程示意图

1. 调速器；2. 电动搅拌器；3、15. 截止阀；4、6、10、12、13、16. 球阀；5、7. 压力表；8. 板框过滤机；9. 压紧装置；11. 计量桶；14. 旋涡泵；17. 滤浆槽

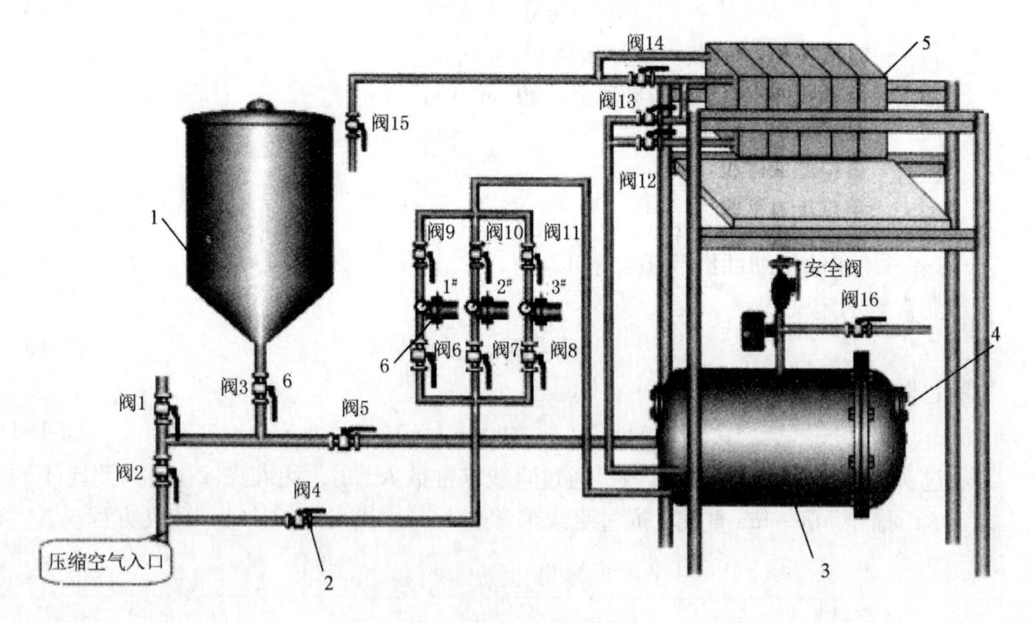

图 2-16　恒压过滤装置

1. 配料筒；2. 阀门；3. 压力料槽；4. 窥察孔；5. 过滤板框；6. 电磁阀

$CaCO_3$的悬浮液在配料桶内配制一定浓度后，利用压差送入压力料槽中，用压缩空气搅拌，同时利用压缩空气将滤浆送入板框压滤机过滤，滤液流入量筒计量，压缩空气从压力料槽排牵管排出。

板框压滤机的结构尺寸：框厚度 11mm，过滤总面积 0.048m^2。

空气压缩机规格型号：V－0.08/8，最大气压 0.8MPa。

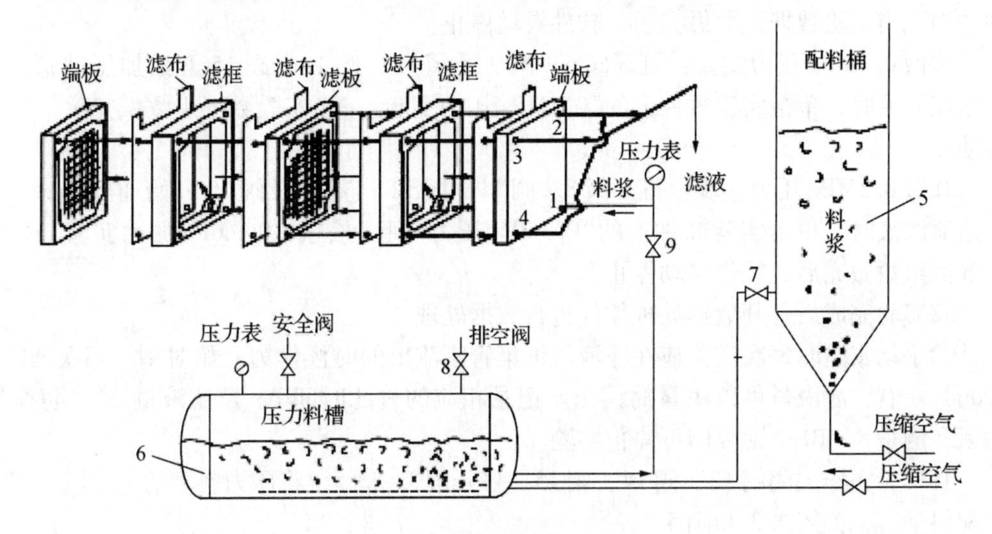

图 2-17　压板过滤机过滤流程

(二)实验方法

①配制含 $CaCO_3$ 8%～13%(质量分数)的水悬浮液。

②打开总电源空气开关，打开仪表电源开关。

③开启空压机，打开阀 2、阀 3，关闭阀 1、阀 4、阀 5，将压缩空气通入配料槽，使 $CaCO_3$悬浮液搅拌均匀。

④正确装好滤板、滤框及滤布。滤布使用前用水浸湿。滤布要绷紧，不能起皱(注意：用螺旋压紧时，千万不要把手指压伤，先慢慢转动手轮使板框合上，然后再压紧)。

⑤等配料槽料液搅拌均匀后，关闭阀 3，打开阀 5 及压力料槽上的排气阀 16，使料浆自动由配料桶流入压力料槽至共视镜 2/3 处，关闭阀 5。

⑥打开阀 4，通压缩空气至压力料槽，使容器内料浆不断搅拌。压力料槽的排气阀应不断排气，但不能喷浆。

⑦调节压力料槽的压力到需要的值。主要依靠调节压力料槽出口处的压力定值调节阀来控制出口压力恒定，压力料槽的压力由压力表读出。压力定值阀已调好，从左到右分别为 1#压力 0.1MPa，2#压力 0.2MPa，3#压力 0.3MPa。考虑各个压力值的分布，从低压过滤开始做实验较好。

⑧放置好电子天平，按下电子天平上的“ON”开关，打开电子天平，将料液桶放置

到电子天平上。打开并运行电脑上的“恒压过滤测定实验软件”，进入实验界面，做好准备工作，可以开始实验。

⑨做0.1MPa压力实验：并打开阀6、阀9及阀12、阀14、阀15开始加压过滤。当开始流滤液时，单击实验软件上的“0.1MPa压力实验”按钮，进行0.1MPa压力实验，实验软件自动计算时间间隔内的过滤量并记录数据，存储到数据库中，以供数据处理软件之用。当实验数据组数做完后，软件自动停止。

⑩做0.2MPa压力实验：打开阀6、阀9及阀12、阀14、阀15开始加压过滤。当开始流滤液时，单击实验软件上的“0.2MPa压力实验”。当实验数据组数做完后，软件自动停止。

⑪做0.3MPa压力实验：打开阀8、阀11、阀12、阀14及阀15开始加压过滤。当开始流滤液时，单击实验软件上的“0.3MPa压力实验”按钮，0.3MPa压力实验。当实验数据组数做完后，软件自动停止。

⑫实验完成后打开数据处理软件进行数据处理。

⑬手动实验时每次实验应在滤液从汇集管刚流出的时候作为开始时刻，每次ΔV取800mL左右，滤液量可以由量筒读出。记录相应的过滤时间$\Delta\tau$及滤液量ΔV。每个压力下，测量8~10个读数即可停止实验。

⑭实验完毕关闭阀12、阀14、阀15，打开阀3、阀5，将压力料槽的悬浮液全部压回配料桶后，关闭阀3和阀5。

⑮关闭阀4，打开排气阀16，将压力料槽的压缩空气放空。

⑯关闭空气压缩机电源，关闭仪表电源。

⑰每次滤液及滤饼均收集在小桶内，滤饼弄细后重新倒入料浆桶内，实验结束后要冲洗滤框、滤板，滤布不要折，应用刷子刷。

（三）实验数据记录与处理

实验数据列于下表中：

实验序号	$\Delta p=0.1$MPa		$\Delta p=0.2$MPa		$\Delta p=0.3$MPa	
	$\Delta\tau$/s	ΔV/mL	$\Delta\tau$/s	ΔV/mL	$\Delta\tau$/s	ΔV/mL

四、实验方法二

（一）实验装置

本实验装置由空压机、配料槽、压力料槽、板框过滤机等组成，其流程示意如图2-18所示。

图 2-18 板框过滤机过滤流程

$CaCO_3$ 的悬浮液在配料桶内配制一定浓度后，利用压差送入压力料槽中，用压缩空气加以搅拌使 $CaCO_3$ 不致沉降，同时利用压缩空气的压力将滤浆送入板框压滤机过滤，滤液流入量筒计量，压缩空气从压力料槽上排空管中排出。

板框压滤机的结构尺寸：框厚度 20mm，每个框过滤面积 0.012m^2，框数 2 个。

空气压缩机规格型号：风量 0.06$m^3 \cdot min^{-1}$，最大气压 0.8MPa。

(二)实验方法

1. 实验准备

①配料：在配料罐内配制含 $CaCO_3$ 8%～15%(质量分数)的水悬浮液，$CaCO_3$ 事先由天平称重。水位高度按标尺示意，筒身直径 35mm。配置时，应将配料罐底部阀门关闭。

②搅拌：开启空压机，将压缩空气通入配料罐(空压机的出口小球阀保持半开，进入配料罐的两个阀门保持适当开度)，使 $CaCO_3$ 悬浮搅拌均匀。搅拌时，应将配料罐的顶盖合上。

③设定压力：分别打开进压力灌的三路阀门，空气压过来压缩空气经各定值调节阀分别定为 0.1 MPa、0.2 MPa 和 0.3 MPa(出厂已设定，每隔间隔压力大于 0.05 MPa。若欲作 0.3 MPa 以上压力过滤，需调节压力罐安全阀)。设定定值调节阀时，压力罐泄气阀可忽略开。

④装板框：正确装好滤板，滤框及滤布。滤布使用前用水浸湿，滤布要绷紧，不能起皱。滤布紧贴滤板，密封垫贴紧滤布(注意：用螺旋压紧，千万不要把手压伤，先慢

慢手动手轮使板框合上，然后再压紧）。

⑤罐清水：向清水罐通入自来水，液面达视镜2/3高度左右。罐清水时，应将安全阀处的泄压阀打开。

⑥罐料：在压力罐泄压阀打开的情况下，打开配料罐和压力罐间的进料阀门，使料浆自动由配料桶流入压力罐至视镜1/2～2/3处，关闭进料阀门。

2. 过滤过程

①鼓泡：通压缩空气至压力罐，使容器内料浆不断搅拌。压力料槽的排气阀应不断排气，但又不能喷浆。

②过滤：将中间双面板下通孔切换阀开到通孔通路状态。打开进板框前料液进口的两个阀门，打开出板框后清液出口球阀。此时，压力表指示过滤压力，清液出口流出滤液。

③对于基本型，每次实验应在滤液从汇集管刚流出的时候作为开始时刻，每次ΔV取800mL左右。记录相应的过滤时间$\Delta\tau$。每个压力下，测量8～10个读数即可停止实验。若欲得到干而厚的滤饼，则应每个压力下做到没有清液流出为止。

④量筒交换接滤液时不要流失滤液。待量筒内滤液静止后读出ΔV值(注意：ΔV约800mL时替换量筒，这时量筒内滤液量并非正好为800mL。要事先熟悉量筒刻度，不要打碎量筒)，此外，要熟练双秒表轮流读数的方法；对于数字型，由于透过液已基本澄清，故可视作密度等同于水，则可以带通信的电子天平读取对应计算机计时器下的瞬时量的方法来确定过滤速度。

⑤每次滤液及滤饼均收集在小桶内，滤饼弄细后重新倒入装浆桶内搅拌配料，进入下一个压力实验。注意若清水罐水不足，可补充一定水源，补水时仍应打开该罐的泄压阀。

3. 清洗过程

①关闭板框过滤的进出阀门。将中间双面板下通孔切换阀开到通孔关闭状态。

②打开清洗液进入板框的进出阀门(板框前两个进口阀，板框后一个出口阀)。此时，压力表指示清洗压力，清洗液出口流出清洗液。清洗液速度比同压力下过滤速度小很多。

③清洗液流动约1min，可观察浑浊变化判断结束。一般物料可不进行清洗过程。结束清洗过程，也是关闭清洗被进出板框的阀门，关闭定值调节阀后进气阀门。

4. 实验结束

①先关闭空压机出口球阀，关闭空压机电源。

②打开安全阀处泄压阀，使压力罐和清水罐泄压。

③冲洗滤框、滤板，滤布不要折，应当用刷子刷洗。

④将压力罐内物料反压到配料罐内备下次实验使用，或将该二罐物料直接排空后用清水冲洗。

5. 实验注意事项

①在夹紧滤布时，千万不要把手指压伤，先慢慢转动手轮使板框合上，然后再

压紧。

②滤饼及滤液循环下次实验可继续使用。

（三）实验数据记录与处理

1. 滤饼常数 *K* 的求取

计算举例：以 $p=1.0\text{kg/cm}^2$ 时的一组数据为例（$1\text{kg/cm}^2=0.098\text{MPa}$，下同）。

过滤面积 $A=0.024\times2=0.048\text{m}^2$；

$\Delta V_1=637\times10^{-6}\text{m}^3$，$\Delta\tau_1=31.98\text{s}$；

$\Delta V_2=630\times10^{-6}\text{m}^3$，$\Delta\tau_2=35.67\text{s}$；

$\Delta q_1=\Delta v_1/A=637\times10^{-6}/0.048=0.013\ 27\text{m}^3\cdot\text{m}^{-2}$；

$\Delta q_2=\Delta v_2/A=630\times10^{-6}/0.048=0.013\ 25\ \text{m}^3\cdot\text{m}^{-2}$；

$\Delta\tau_1/\Delta q_1=31.98/0.013\ 271=2\ 409.766\text{s}\cdot\text{m}^2\cdot\text{m}^{-3}$；

$\Delta\tau_2/\Delta q_2=35.67/0.013\ 125=2\ 717.714\text{s}\cdot\text{m}^2\cdot\text{m}^{-3}$；

$$\bar{q}_1=\frac{1}{2}(q_0+q_1)=0.006\ 635\ 5\ \text{m}^3\cdot\text{m}^{-2}$$

$$\bar{q}_2=\frac{1}{2}(q_1+q_2)=0.019\ 833\ 5\ \text{m}^3\cdot\text{m}^{-2}$$

依此算出多组 $\Delta\tau/\Delta q$ 及 $\bar{q}$。

在直角坐标系中绘制 $\Delta\tau/\Delta q-\bar{q}$ 的关系曲线，如图2-19所示，从该图中读出斜率可求得 *K*。不同压力下的 *K* 值列于下表中。

$\Delta p/\text{kg}\cdot\text{cm}^{-2}$	过滤常数
1.0	8.524×10^{-5}
1.5	1.191×10^{-4}
2.0	1.468×10^{-4}

2. 滤饼压缩性指数 *S* 的求取

计算举例：在压力 $p=1.0\text{kg}\cdot\text{m}^{-2}$ 时的 $\Delta\tau/\Delta q-\bar{q}$ 直线上，拟合得直线方程，根据斜率为 $2/K_3$，则 $K_3=0.000\ 085\ 24$。

将不同压力下测得的 *K* 值作 $\lg K-\lg\Delta p$ 曲线，如图2-20所示，也拟合得直线方程，根据斜率为 $(1-S)$，可计算得 $S=0.198$。

3. 实验报告要求

①由恒压过滤实验数据求过滤常数 K、q_e、τ_e。

②比较几种压差下的 K、q_e、τ_e 值，讨论压差变化对以上参数数值的影响。

③在直角坐标纸上绘制 $\lg K-\lg\Delta p$ 关系曲线，求出 *S*。

④实验结果分析与讨论。

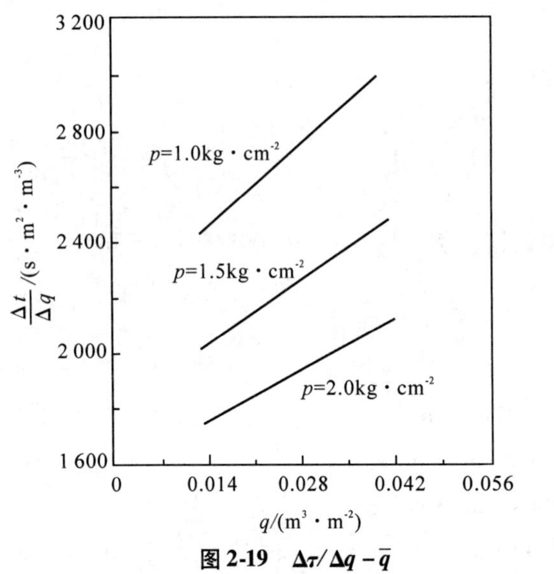

图 2-19　$\Delta\tau/\Delta q-\overline{q}$

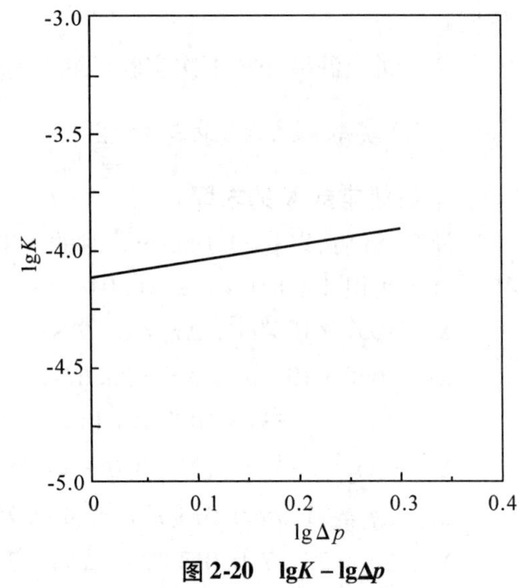

图 2-20　$\lg K-\lg\Delta p$

【思考题】

1. 板框过滤机的优缺点是什么？适用于什么场合？
2. 板框过滤机的操作分哪几个阶段？
3. 为什么过滤开始时，滤液常常有点浑浊，过一段时间后才变清？
4. 影响过滤速率的主要因素有哪些？当在某一恒压下所测得的 K、q_e 和 τ_e 值后，若将过滤压强提高 1 倍，问上述三个值将有何变化？

第四节　挤压膨化实验

一、实验目的

了解挤压膨化的原理；掌握挤压膨化技术的特点；掌握主要挤压膨化设备的操作。

二、实验原理

食品挤压加工技术属于高温、高压食品加工技术，特指利用螺杆挤压方式，通过压力、剪切力、摩擦力、加温等作用所形成的对于固体食品原料的破碎、捏和、混炼、熟化、杀菌、预干燥、成型等加工处理，完成高温、高压的物理变化及生化反应，最后食品物料在机械作用下强制通过一个专门设计的孔口(模具)，便制得一定形状和组织状态的产品，这种技术可以生产膨化、组织化或不膨化的产品。

挤压加工技术最早应用于塑料制品加工。随着食品工业的发展，挤压加工技术所特有的优越性越来越被人们所认识，并应用于食品加工。20 世纪 30 年代，第一台成功地应用于谷物加工的单螺杆挤压机问世。

食品工业所使用的挤压熟化机集破碎、混合，混炼、熟化、挤出成型于一体。传统的谷物食品加工工艺一般需经粉碎、混合、成型、烘烤或油炸、杀菌、干燥等生产工序，每道工序都需配备相应的设备，生产流程长，占地面积大，设备种类多。采用挤压技术加工谷物食品，可将原料经初步粉碎和混合后，用一台挤压机一次完成诸多工序，制成的产品可直接或再经油炸(或不经油炸)、烘干、调味后上市销售；只需简单地更换挤压模具，就可以方便地改变产品的造型；与传统生产工艺相比，简化了膨化、组织化食品的加工艺过程，丰富了食品的花色品种，同时还改善了产品的组织状态和口感，提高了产品质量。目前，挤压技术在食品工业中的应用得到了较快的拓展，种类繁多的方便食品、即食食品、小吃食品、断奶食品、儿童营养米粉等挤压熟化产品相继问世，其应用领域由单纯生产谷物食品，已发展到生产畜禽饲料、水产饲料、植物组织蛋白等。

我国的挤压加工技术的研究和应用始于20世纪80年代，先后在膨化小吃食品、营养米粉、糖果、动物饲料的生产，传统食品龙虾片生产工艺的改善，大量组织蛋白的加工，变性淀粉、淀粉糖浆、膳食纤维等生产应用领域和挤压技术的理论领域进行了大量的研究。与此同时，国内的许多生产厂家也先后从世界各大公司引进了先进的挤压设备进行挤压食品生产。在进国外设备的同时，国内的许多厂家也先后生产了不同类型的挤压熟化设备，但目前仍处于相对落后的状态，设备性能有待改善，生产领域有待扩大，产品花色品种需进一步丰富，产品质量需进一步提高。

1. 挤压熟化技术的特点

食品挤压熟化技术归结起来有以下特点：

(1)连续化生产　原料经预处理后，即可连续地通过挤压设备，生产出成品或半成品。

(2)生产工艺简单　生产流水线短，集粉碎、混台、加热、熟化、成型于一体，一机多能，便于操作和管理。

(3)物耗少、能耗低　生产能力可在较大范围内调整，能耗仅是传统生产方法的60%～80%。

(4)应用范围广　食品挤压加工适合于小吃食品、即食谷物食品、方便食品、乳制品、肉类制品、水产制品、调味品、糖制品、巧克力制品等的加工。经过简单地更换模具，即可改变产品形状，生产出不同外形和花样的产品，有利于产销灵活性。

(5)投资少　挤压加工技术与传统生产加工方法相比，生产流程短，减少了许多单机，避免了单机之间串联所需的传送设备。

(6)生产费用低　有资料报道，使用挤压设备生产费用仅为传统生产方法的40%左右。

2. 挤压熟化食品的特点

根据不同的生产目的和产品需要，利用挤压机可生产出膨化或不膨化的组织化的成品或半成品。所谓膨化食品是指原料(主要是谷物原料)进行高温、高压处理后，被迅速释放到低压环境，体积大幅度膨胀而内部组织呈多孔海绵状态的食品。

挤压熟化食品具有以下特点：

(1)不易产生“回生”现象　传统的蒸煮方法制得的谷物制品易“回生”的主要原因是α-淀粉β化。挤压加工中物料受高强度挤压、剪切、摩擦等作用，淀粉颗粒在含水量较低的情况下，充分溶胀、糊化和部分降解，再加上挤出模具后的“闪蒸”，使糊化之后的α-淀粉不易恢复其β结构，故不易产生“回生”现象。

(2)营养成分损失少、食物易消化吸收　挤压膨化过程是高温短时的加工过程，由于原料受热时间短，食品中的营养成分几乎未被破坏。在外形发生变化的同时，也改变了内部的分子结构和性质，其中一部分淀粉转化为糊精和麦芽糖，便于人体吸收。又因挤压膨化后食品的质构呈多孔状，分子之间出现间隙有利于人体消化酶的进入，所以消化率提高。如未经膨化的粗大米，其蛋白质的消化率为75%，经膨化处理后可提高到83%。

(3)产品口感细腻　经挤压过程的高温、高压和剪切、摩擦作用，以及挤出模具的瞬间膨化作用，谷物中的纤维素、半纤维素、木质素等成分彻底微粒化，并且产生部分分子的降解和结构变化，水溶性增强，口感得以改善。

(4)风味好、食用方便　高温短时的挤压加工过程，使得一些有害因子还未来得及作用便被破坏，避免了不良风味的产生，如大豆制品的豆腥味是由于大豆内部的脂肪氧化酶催化产生氧化反应的结果。挤压过程中的瞬间高温已将该酶破坏，从而也就避免了异味的产生。另外，一些自然形成的毒性物质，如大豆中的胰蛋白酶抑制因子等也同样受到破坏：膨化后的制品呈多孔的海绵状结构，吸水力强，容易复水。

(5)产品卫生水平高，保存性能好　挤压熟化食品加工时间短、路程短，基本无污染。挤压加工的瞬间温度可高达250℃左右，能够破坏原料中的微生物。膨化后的产品含水量一般为5%～8%，不利于微生物的生长繁殖，只要保存方法得当，便可较长时间保存。

三、实验装置

挤压机有若干种设计，目前应用于食品行业的主要是螺杆挤压机，它的主体部分是一根或两根在一只紧密配合的圆筒形套筒中旋转的螺杆。食品挤压机类型很多，分类方法各异，按螺杆数量分为单螺杆挤压机、双螺杆挤压机和多螺杆挤压机。其中以单螺杆和双螺杆最为常见。

单螺杆挤压机：挤压机配置一根挤压螺杆，是一种最为普通的螺杆挤压机，结构简单、设计制造容易、工作可靠、价廉、易于操作、维修方便，但混合能力差、作用强度低。

双螺杆挤压机：挤压机配置有两根螺杆，挤压作业由两者配合完成，是由单螺杆挤压机发展而来。根据两螺杆的相对位置又分为啮合型(包括全啮合型和部分啮合型)和非啮合型，根据两螺杆旋转方向分为同向旋转和异向旋转(向内和向外)。主流机型为同向旋转、完全啮合、梯形螺槽。

1. 单螺杆挤压机的构成

图 2-21 所示为典型单螺杆挤压熟化机系统示意图，该熟化机由喂料、预调质、传动、挤压、加热与冷却、成型、切割、控制八部分组成。图 2-22 为挤压组件的透视图。

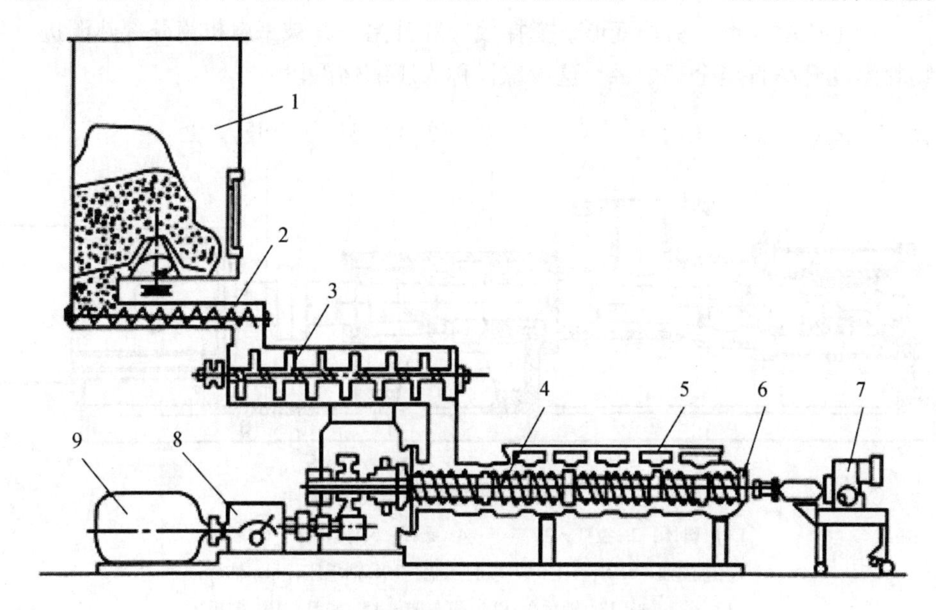

图 2-21　典型单螺杆挤压加工系统示意图

1. 料箱；2. 螺旋式喂料器；3. 预调质器；4. 螺杆挤压装置；
5. 蒸汽注入口；6. 挤出模具；7. 切割装置；8. 减速器；9. 电机

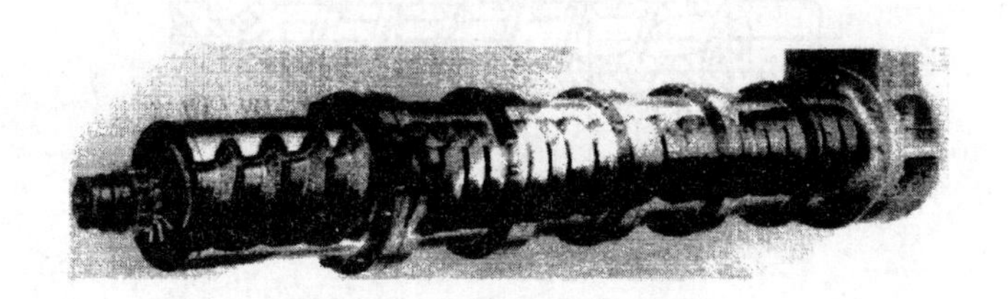

图 2-22　挤压组件的透视图

2. 单螺杆挤压原理

单螺杆挤压机主要工作构件如图 2-23 所示，机筒及机筒中旋转的螺杆构成挤压室。在单螺杆挤压室内，物料的移动依靠物料与机筒、物料与螺杆原物料自身间的摩擦力完成。螺杆上螺旋的作用是推动可塑性物料向前运动，由于螺杆或机筒结构的变化以及由于出料模孔截面比机筒和螺杆之间空隙横截面小得多，物料在出口模具的背后受阻形成压力，加上螺杆的旋转和摩擦生热及外部加热，使物料在机筒内受到了高温、高压和剪切力的作用，最后通过模孔挤出，并在切割刀具的作用下，形成一定形状的产品。

挤压熟化机是应用最广的挤压加工设备，如图 2-24 所示，当疏松的食品原料从加料斗进入机筒内后，随着螺杆的旋转，沿着螺槽方向被向前输送，这段螺杆称为加料输送段。再向前输送，物料就会受到模头的阻力作用，螺杆与机筒间形成的强烈挤压及剪切作用，产生压缩变形、剪切变形、搅拌效应和升温，并被来自机筒外部热源进一步加热，物料温度升高直至全部熔融，这段螺杆称为压缩熔融段。

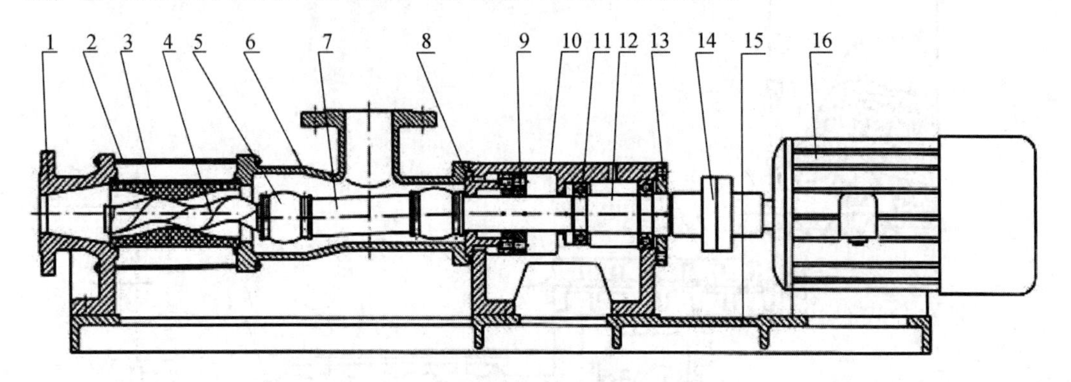

图 2-23　单螺杆挤压机主要工作构件

1. 出料体；2. 拉杆；3. 定子；4. 螺杆；5. 万向节；6. 机筒；
7. 连接轴；8. 填料座；9. 填料压盖；10. 轴承座；11. 轴承；
12. 传动轴；13. 轴承盖；14. 联轴器；15. 底盘；16. 电机

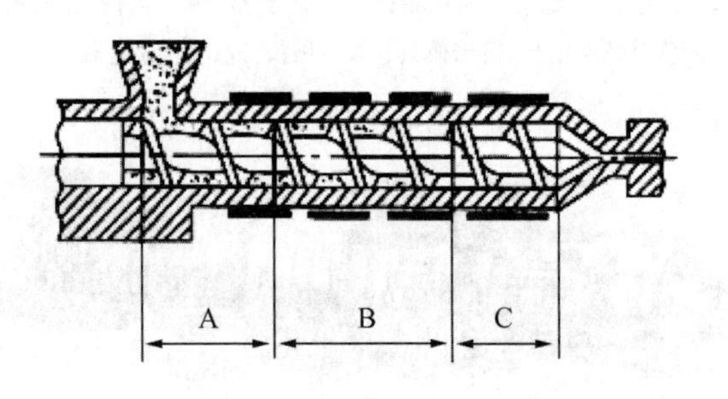

图 2-24　挤压加工过程示意图

A. 加料输送段　B. 压缩熔融段　C. 计量均化段

食品物料接着往前输送，由于螺槽逐渐变浅，挤压及剪切作用增强，物料继续升温而被蒸煮，出现淀粉糊化，脂肪、蛋白质变性等一系列复杂的生化反应，组织进一步均匀化，最后定量、定压地由模孔均匀挤出，这段螺杆称为计量均化段。

食品物料熔融体受螺旋作用前进至成型模头前的高温高压区内，物料已完全流态化，当被挤出模孔后，物料因所受到的压力骤然降至常压而迅速膨化。对于不需要膨化或高膨化率的产品，可通过冷却控制机筒内物料的温度不至于过热(一般不超过 100℃)来实现。

四、实验方法

1. 单螺杆挤压熟化机的操作

食品挤压熟化设备是一种连续、高速处理物料的装置，不同型号的挤压熟化机有不同的操作特点，需要操作人员了解和掌握操作规程。

2. 开机前的准备工作

开机前，检查挤压机，螺杆、机筒和其他零部件之间不得有摩擦或卡死现象。有些挤压熟化机的螺杆相对于推力轴承能够移动，出料处锥形螺杆部分和机筒的配合间隙可调，通常用塞规测量进行调整。在启动前切割装置需安装到位，切刀相对于模头的调整要精确，通常切刀和模板表面之间保持有很小的间隙(0.05 ~0.2mm)。

启动前要对喂料器和调节装置进行检查以确定其是否正常，有时喂料器需要校准到正常运行的状态。所有的蒸汽管道都要打开阀门，放掉冷凝水。所有报警器和安全设施也应处于完好状态。

3. 启动操作与稳定运行操作

因预调质器和挤压熟化机电动机启动后才允许喂入原料，而在物料未充满挤压室的情况下运行会加快挤压螺杆的磨损，要求尽量缩短启动时间，最大限度地减少生产损失、废品的数量和避免设备损坏。启动应在低产量、高水分条件下开始。

挤压机的传动功率、模板温度、模板处的挤出压力等关键参数以及被挤压物料状态，这些参数可作为操作人员在启动期间进行操作的依据。

4. 停机操作

挤压机停机时首先应将通入预调质器和机筒的蒸汽关闭，向原料中加入过量水分，直到出料温度降低到100℃以下后终止喂料，挤压机则需继续运转到模孔出现湿冷物料为止。

停机后常常需要拆下模板，拆模板时需要仔细，当拧松机头连接螺栓时，机内压力突然急剧释放会对操作者有潜在的危险。如果在拆模时挤压室内还有压力，应在机头装上链条或其他制动机具以保持机头在拆模时相对位置不变，直到压力完全消失。模板拆下后，开动螺杆把机内剩余物料旋转出。

五、实验结果

实验序号	①	②	③
实验材料品种			
实验材料质量/g			
选定的挤压膨化设备型号			

（续）

实验序号	①	②	③
入料口温度/℃			
膨化设定温度/℃			
出料口温度/℃			
产品质构及感官评价			

【思考题】

1. 单螺杆挤压膨化的原理是什么？
2. 挤压膨化温度过高对于产品品质有何影响？
3. 挤压膨化技术有何主要特点？

第五节　超微粉碎实验

粉碎法是目前工业中用于制备超微粉体最常用的方法。该法采用机械力或高速气流、液流使大颗粒物料破碎成超微颗粒。对于农副产品、中药材和生物制品的超微粉体制备主要采用此方法。由于粉碎对象的理化性质不同，进行微细化时物料的粒径要求不同，所以实施粉碎时的施力方法也就不同。根据施力方式的差异可将粉碎法分为：辊压法、辊碾法、高速旋转撞击法、球磨法、气流粉碎法、液流粉碎法、超声粉碎法及高压膨胀法等。

一、粉碎常用术语

1. 粉碎比

令 D 为给料粒度，即给料中最大颗粒的尺寸，d 为粉碎产品的粒度，即产品中最大颗粒的尺寸，则 D/d 称为粉碎比，通常用 i 表示，即 $i = D/d$，各种粉碎机械的粉碎比是不相同的。

2. 粉碎能耗

物料超微粉碎时，外力所做的功称为粉碎能耗。粉碎能消耗于以下几方面(表2-1)：

①粉碎机械传动中的能耗。

②颗粒在粉碎发生前的变形能。

③粉碎产品新增表面积的表面能。

④颗粒表面结构发生变化时所消耗的能量，如产生表面活性点、表面形成定型层或氧化层等。

⑤晶体结构发生局部错位变化所消耗的能量。

⑥工作件(轴、棒、齿、叶片等)、物料、磨介(铜球、棒等)之间的摩擦、振动及其他能耗。

对球磨机能耗进行测定，发现输入的能量中大部分以热的形式散失。

表 2-1 粉碎能消耗

能耗类型	功率/kW	占总能耗的百分数/%
轴承、齿轮等机械传动的能耗损失	57	12.3
单位时间内粉碎产品带走的热量	222	47.6
单位时间内筒体辐射的热量	30	6.4
单位时间内气流带走的热量	144	31.0
单位时间内新生表面的表面能	3	0.6
其他损耗		2.1
磨介摩擦	5	
磨介温升散热	2	
振动、水分蒸发及其他	3	
总计	466	100.0

3. 物料的磨蚀性

物料的磨蚀性(abrasiveness)是物料对粉碎工件包括齿板、板锤、钢球、衬板、棒和叶片等产生磨损的一种性质。工件被磨损的程度称为钢耗，通常以粉碎 1t 物料时工件的金属消耗量表示(钢耗，g/t)。

物料的磨蚀性不仅与材料的强度、硬度有关，还受其他因素的影响。例如，对硬质物料而言，表面形状及颗粒大小是影响磨蚀性的重要因素。

4. 物料的强度、硬度、脆性、可碎性和可磨性

物料强度与其种类及形态有关，对于同一物料，强度还与粒度有关，粒度小的颗粒宏观和微观裂纹较少，强度较高。强度往往与硬度有关，硬度高的物料，其强度和对粉碎的阻力也较大。普氏硬度值是将物料按强度或粉碎阻力分为 10 级，大约等于物料抗压强度的 $1/100\mathrm{kgf/cm^2}$ ($1\mathrm{kgf/cm^2} = 98.066\ 5\mathrm{kPa}$)。

物料的脆性和韧性无确切的数量概念。粉碎作业的物料多呈脆性，韧性物料需用特殊方法处理，如高速冲击剪切或超低温粉碎以使物料进入脆性区。

可碎性和可磨性是指物料粉碎的难易程度，可用以下两种方式表示：其一，采用一定的实验方法定量测定指定标准单位产品的粉碎能耗；其二，采用一定的实验方法，定量测定单位能耗所得指定标准产品的产量。

二、粉碎方法及设备分类

表 2-2 粉碎方法及设备分类

粉碎方法	设 备	备注说明
辊压法	辊压粉碎机 （双辊、三辊或四辊联用）	
辊碾法	棒磨机	棒磨机的改良机型——Micros 超微粉碎机和离心辊式磨的代表机型——Szego 磨为生产超微粉碎体的典型设备
	盘磨机（雷蒙磨、钢球盘磨）	
	离心辊式磨	
高速旋转撞击法	销棒式粉碎机	
	锤式（摆锤式）粉碎机	
	胶体磨 （齿式、透平式、轮盘式等）	
	离心式碰撞粉碎机	
球磨法	普通球磨机	属于狭义球磨机
	振动球磨机	
	离心球磨机	
	行星式球磨机	
介质搅拌法	间歇式搅拌机	统称为介质搅拌器，可视为内部有动件的广义球磨
	连续式搅拌机	
	塔式磨	
	螺旋搅拌磨	
高速气流粉碎法	圆盘式气流磨	气流磨又称为喷射磨或能流磨
	循环管式气流磨	
	对喷式气流磨	
	流化床式逆向喷射气流磨	
	靶式气流磨	
液流粉碎法	靶板式液流粉碎机	
	对撞式液流粉碎机	
超声粉碎法	核心设备为超声波发生器	用于液体介质中颗粒的粉碎与分散处理
高压膨胀法	主要设备为高压膨胀设备， 由高压室、膨胀腔、 收集筒及相连的闸阀组成	适用于蔬菜、海藻、新鲜中草药的微细化
低温粉碎法	一般用于高速旋转搅拌撞击 和振动球阀法粉碎设备， 但需增加制冷系统	适用于低温脆性物质，如橡胶、塑料和某些食品及生物制品的粉碎，以及对气流粉碎物料进行预处理

三、辊压法——辊压粉碎机

（一）粉碎原理

以双辊粉碎机为例，其中一辊筒固定，另一辊筒可往复移动，以控制两筒间距。辊筒可带夹套，视粉碎需要向夹套内通冷却水降温或通入盐水和水蒸气加热辊面和物料。两辊筒在电机带动下向内以不同速率转动，物料在辊筒转动时被带入辊间而被挤压粉碎，又因两辊转速不同使物料受到摩擦剪切作用而被分开，最终物料在挤压力与剪切力的共同作用下被微细化。根据粉碎粒度要求，可采用多次循环进行粉碎，也可采用三辊或四辊联用进行连续粉碎。

（二）影响粉碎效果的主要因素

1. 辊筒直径的影响

在其他条件相同时，增大辊筒直径可提高产量，并增大粉碎比，使粉体粒度变细。这是因为当辊筒直径增大后，被粉碎物料在两辊间的停留时间延长，所受挤压剪切力增大，因此粉碎效果增强。

2. 辊筒面线速度及两辊筒转速差的影响

辊筒面线速度越大，产量越高，且产品颗粒多呈球形；线速度越小，产量越低且产品颗粒呈多棱形。不同机型、不同物料均有一最佳线速度范围。两辊筒转速差越大，物料所受的摩擦剪切力就越大，因此越容易被粉碎。但转速差也存在一极限值，该值由电机负荷、辊筒面材质、物料被粉碎时的升温等多项因素共同决定。

3. 辊筒表面形状及光滑程度的影响

当辊筒表面光滑平整时，两辊筒的间隙可调整至极小，通过挤压、摩擦可粉碎出极细的产品。但如果两辊筒面过于光滑，物料在辊间易打滑，则达不到应有的摩擦粉碎效果；如果两辊筒的间隙过小，则给入的物料量相对减小，将使产量大幅度降低。所以，应综合考虑上述因素来确定辊筒面的光滑程度。

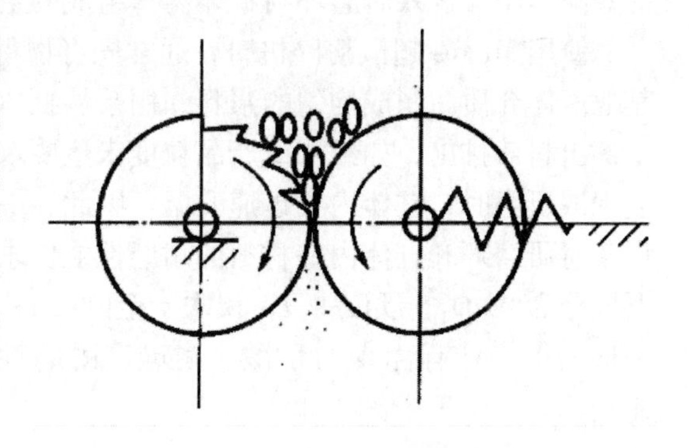

图 2-25 辊面形状

辊筒面有光滑形和齿面形等不同形状。齿面形又分为刀刃形和凸起形两种结构。其中，锐利的刀刃形筒面适于粉碎韧强的纤维结构物料；而钝状的凸起形筒面则易于粉碎脆性强的物料。辊面形状如图 2-25 所示。

（三）辊压法生产超微粉体的应用特点

利用辊压法可生产超微粉体，若进一步采用湿法辊压粉碎还可获得粒径在10μm以下的产品。因此，在油墨、涂料、军工及食品行业均有应用。

粉碎过程中可采取反复多次的方法使颗粒变细，而产品细度与机器结构和材料本身的特性均有关。该法特别适用于小批量间断干燥超微粉体的制备及黏度较大的浆料生产。缺点是连续性差、生产能力小。

四、辊碾法——Micros超微粉碎机

Micros超微粉碎机是辊碾法生产超微粉体的先进设备，最早由日本奈良株式会社制造，主要用于湿式粉碎，可获得粒径在1μm以下的产品。

（一）Micros超细粉碎机的结构特点及粉碎原理

辊碾机的基本结构是将单根或多根棒或管作为辊碾介质装入磨腔，再通过动力使之旋转。物料在棒与管或管与管之间以及磨腔内受到碰撞、挤压、剪切和研磨等作用而被粉碎。其设备包括棒磨机、雷蒙磨等，通常只将物料粉碎至0.1～0.4mm，因此只能用于普通粉体的生产或超微粉碎前的预处理。

Micros超微粉碎机是针对上述粉碎设备缺点进行改进后设计制造的，主要由缸体和研磨环组成。缸体内有一主轴，围绕主轴有多个辅轴，辅轴上套有数个自由的研磨环。当电机带动主轴旋转时，辅轴将围绕主轴公转，研磨环则既随辅轴绕主轴公转，同时又围绕各自的辅轴自旋。此时研磨环产生强大的离心力，被粉碎物料将在离心力和旋转力的共同作用下进入研磨环与缸体内壁组成的空腔，并受到挤压和辊碾作用而被粉碎。

使用Micros超微粉碎机时，通常先将物料预粉碎至粒径为0.04mm以下，并与水或其他液体介质配制成均匀的浆料，用泵从缸体下口输入，在缸体内经超微粉碎后，再从上部出料口排出，如经测试产品粒度未达要求，则可反复研磨直至达到需要为止。在反复辊碾研磨时，缸体内会迅速升温。因此，一般在缸体外装夹套，通冷却水以降温。该设备对研磨环和缸体内壁材料的耐磨性能要求很高，日本奈良株式会社多采用刚玉（主要成分为Al_2O_3，硬度为9，仅次于金刚石）、氧化锆（ZrO_2，热膨胀系数很小，与石英玻璃相仿，具有优良的耐酸、耐碱、耐磨性能和特别高的熔点）或石英耐磨合金来制造。

（二）影响Micros粉碎机性能的因素

1. 粉碎方式的影响

通常采用干式和湿式两种方法进行超微粉碎。在相同条件下，采用湿式粉碎所得产品粒度更细，但究竟选用何种方法还需考虑产品使用的条件。若产品在湿态下使用，则采用湿式粉碎有利；若产品在干态下使用，但为获得较小粒径而选择了湿式粉碎时，则在使用前还需进行干燥处理，此时粉体颗粒极易团聚，反而使颗粒增大，同时干燥处理

还将耗时耗能，增加生产成本。因此，需综合考虑粒度要求、产品性质、用法特点等多重因素以选取适宜的超微粉碎方式。

2. 浆料浓度、研磨时间及研磨环旋转速率的影响

在一定范围内，浆料越稀，研磨时间越长，产品越细，但研磨至一定时间后，产品粒度几乎不再改变，即达到了极限值，而且不同产品达到此极限值的时间是不同的。因此，需综合考虑粒度要求和能量消耗两方面的因素以选取最佳粉碎时间。

在相同条件下，研磨环旋转速率越快，产品越细，但旋转速率过快将使研磨环及缸体内衬磨蚀严重，缩短设备的使用寿命，同时被磨蚀的材料也将混入产品，造成污染。因此，在选定设备的功率和材质后，还应选择一个适宜的研磨环转速。

以碳酸钙为例，不同浆料浓度、不同转速时，研磨时间对碳酸钙产品粒度的影响如图 2-26 所示。

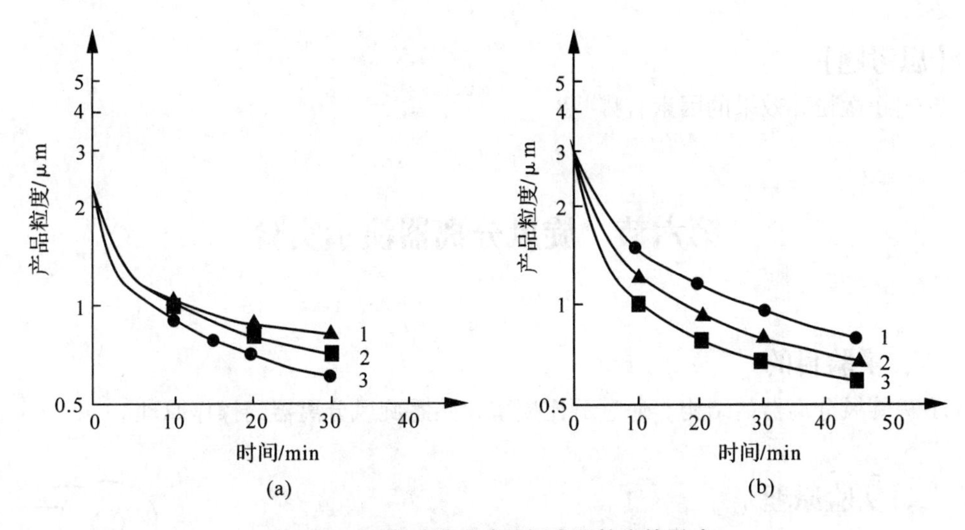

图 2-26　研磨时间对碳酸钙产品粒度的影响

(a)不同浆料浓度时研磨时间对产品粒度的影响

1. 60%；2. 40%；3. 20%

(b)不同转速时研磨时间对产品粒度的影响

1. 1 000r/min；2. 1 200r/min；3. 1 600r/min

3. 研磨环及缸体内衬材料的影响

研磨环及缸体内衬材料对粉碎效果有很大影响。南京理工大学曾对此进行过大量试验：分别选用低碳钢(A3)、不锈钢(1Cr18Ni9Ti)、钨锰合金、刚玉以及二氧化锆等作为研磨环和缸体内衬材料，在其他条件相同时，二氧化锆所得产品粒度最细，其次为刚玉和钨锰合金，再次是不锈钢；缸体内壁磨蚀程度依次为二氧化锆最小，刚玉次之，再次为不锈钢。显然，从粉碎效果和耐磨蚀角度看，二氧化锆和刚玉性能最好，但不足之处是这两种材料质脆，且导热性差，作为缸体内衬时，不宜采用在缸体外夹套内通冷却水的方法降低研磨温度。

（三）Micros 粉碎机适用的范围

该机型适用于各种材料的超微粉碎，尤其适用于脆性材料及纤维材料，既可干式粉碎也可湿式粉碎，当采用湿法对脆性材料进行粉碎时，可使产品粒径达 2μm 以下，甚至 0.5μm。

选用该机型对黏性材料或含糖多的材料进行粉碎时，最好与制冷系统联用，即采用干式低温冷冻粉碎；对于易溶于水的材料，除采用干式低温粉碎外，还可选用非水介质制成浆液进行湿式粉碎。

无论采用何种方式，进入设备的原料粒度越细越好，最好能达到 0.04mm。尤其是湿式粉碎时，若原材料颗粒粗、密度大则在浆料中极易沉淀，使研磨不均、产品粒度分布过宽。

【思考题】

影响超微粉碎效果的因素有哪些？

第六节　旋风分离器演示实验

一、实验目的

了解旋风分离器的结构。通过对比模型，熟悉旋风分离器的操作原理。

二、实验原理

旋风分离器是工业上用来分离含尘气体中尘粒的设备，由于结构简单，因此应用很广泛。为了熟悉和了解旋风分离器的作用原理，教具采用了玻璃的旋风分离器和对比模型，可以直接看见其内部情况。

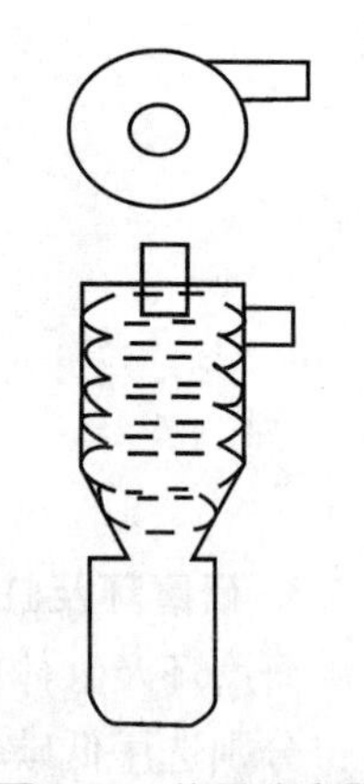

图 2-27　旋风分离器

旋风分离器的主体上部是圆筒形，下部是圆锥形，如图 2-27 所示。含尘气体由切线方向的气管进入。由于圆形器壁的作用而获得旋转运动。旋转运动使颗粒受到离心力的作用被甩向器壁，沿锥形部分落入下部的灰斗中而达到分离的目的。旋转速度越大，旋风分离器的效率比越高，但能量损失也越大。

三、实验装置

教具的工作流程如图 2-28 所示。

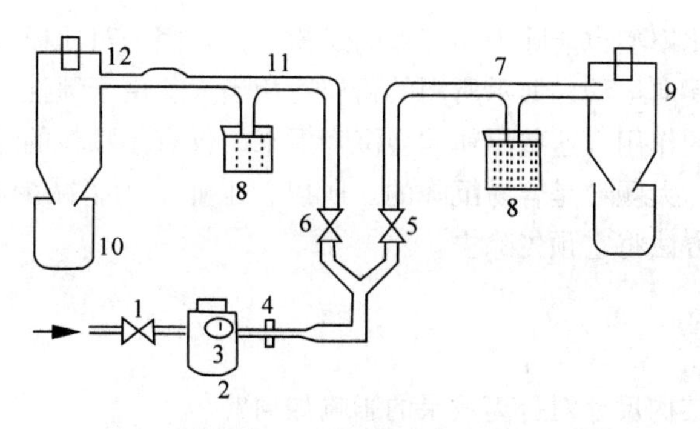

图 2-28　教具的工作流程

1. 总气阀；2. 过滤减压装置；3. 压力表；4. 节流孔；5. 考克；
6. 节流孔；7、11. 抽吸器；8. 煤粉杯；9. 旋风分离器；
10. 灰斗；12. 对比模型

四、实验方法

演示时开通空气压缩机，全开总气阀 1，空气通过过滤减压阀和节流孔 4 后同时供应给旋旋风分离器和对比模型。当空气通过抽吸器 7、11 时，因为高速气流从喷嘴喷出，使抽吸器形成负压(图 2-29)，这时周围的大气会抽入到抽吸器中，如果将装有煤粉的杯子接抽吸器的下端，煤粉就被气流带入系统内混合到气流中，成了含尘空气。当含尘空气通过旋风分离时就可以清楚地看见煤粉旋转运动的形状，一圈一圈地沿螺旋流线型落入灰斗内的情景，从旋风分离器出口排除的空气由于煤粉已被分离，清洁无色。

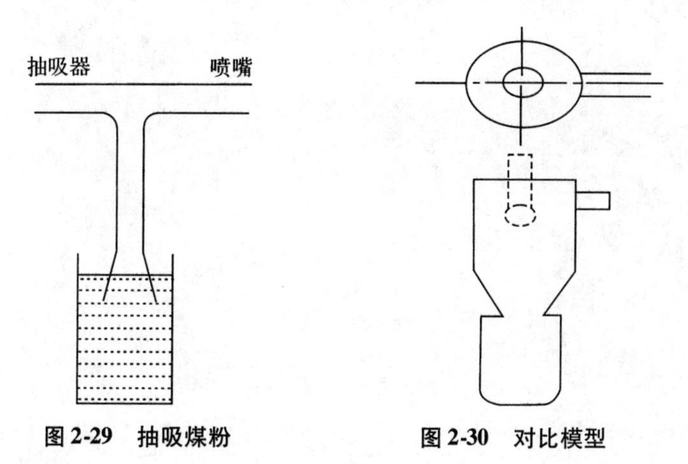

图 2-29　抽吸煤粉　　**图 2-30　对比模型**

然后，将煤粉杯移到对比模型的抽吸器 11 上，这个对比模型外形和旋风分离器基本相同，仅是进口管不在切线上而在圆筒部分的直径上(图 2-30)。这样气流就没有旋转运动。当含煤粉的空气通入后就可以看见气流是混乱的。由于缺少离心力的作用，所以煤粉的分离效果差，一些粒度较细的煤粉不能沉降下来而随气流从出口喷出。

上面的演示说明旋转运动能增大尘粒的沉降力，旋风分离器的旋转运动是靠切向进口和容器壁的作用而产生的。

实际观察到对比模型也能除去相当多的煤粉，这是因为对比模型虽然没有典型的定向旋转运动但仍有拐向运动，演示所用的粉粒度相当大，由于惯性力的影响和截面积变大引起的速度变化的作用。这些煤粉粒会沉降下来，仅有小颗粒的煤粉无法沉降而被带走。这种现象说明，大颗粒是容易沉降的。所以，工业上为了减少旋风分离器的磨损，先用其他更简单的方法将它预先除去。

【思考题】

旋风分离器的结构尺寸对分离效果的影响如何？

第三章 食品工程实验实例

第一节 冷冻干燥实验实例

一、牛肉的冷冻干燥

1. 工艺流程

原料→筛选→预处理→冷却熟化→冷冻→切片→冻干→充 N_2→包装

2. 操作要点

(1)原料筛选 牛肉的内在品质因牛的品种、性别和营养状况不同而有相当大的差别，同一头牛的不同部位经冻干处理后，其产品品质差异也较大。本研究采用牛的半膜性肌、背部长肌和岗上肌等部位的新鲜牛肉，并仔细剔除骨头、脂肪和结缔组织。冻干生牛肉片所用原料要求脂肪含量较低，不得超过4%，修整后的牛肉含水量约为75%。研究表明，脂肪含量偏高会导致产品色泽的变化和复水性明显降低，而且脂肪的存在会使得冻干产品对氧更敏感。经筛选合格的牛肉分割成1 kg左右的块状，便于后期成型操作的进行。

(2)冷却熟化 将分割好的牛肉用薄膜包装，冷却至3℃，熟化5d。在此过程中，牛肉会发生一系列生物化学变化。如牛肉本身存在的组织蛋白酶将缓慢地分解肌纤维或肌肉本身的结缔组织，生成与肉香味有关的游离氨基酸，并使得肉体嫩化，这将使得产品复水后具有更好的品质。

(3)冷冻 其目的是将生牛肉的温度降至其共熔点以下，使其完全固化。冷却熟化后的生牛肉以0.8cm·h^{-1}的冷冻速率降温至-30℃，并保持1d时间。冻结速率过高将导致细胞间或细胞内冰晶体的形成，影响到制品的干燥速率以及产品的多孔性和复水性。当冷冻速率达15cm·h^{-1}时，无论是复水前还是复水后，产品都会失去牛肉本身的原有色泽。生牛肉的共熔点采用电阻法测定为29℃。通常因牛的品种和肉的部位不同，其共熔点略有差异。

(4)切片 将冻结的牛肉沿着垂直于肌纤维的方向切片，切片厚度为1~5cm，长宽约为5cm×3cm。切片厚度与切片方向直接影响着干燥速率和产品质量。当切片厚度超过2cm以及切片方向与肌纤维夹角小于45°时，不但干燥速率缓慢，冻干产品的复水也较困难。切片的方法有两种，即冻结状态切片和冻结前切片。研究表明，冻结后切片其干燥产品复水性较好，而且这种方法也适用于工业化生产。

(5)冻干 将冻结状态的牛肉片迅速摆放于带孔的物料板上，然后在辐射型冻干机中冻干。辐射板和物料表面的最高温度分别为80℃和40℃，干燥室压力为20Pa，整个干燥过程时间为12 h。冻干过程是冻干生牛肉片研制的关键，它为传质控制过程。在升华阶段，物料的中心温度必须控制在其共熔点(－29℃)以下，以防熔化。由于此时传质速率相对较低，较小的传热温差即可满足要求。当进入解吸阶段后，由于不存在物料熔化的问题，可迅速提高温度，使物料表面及中心尽快达到最高限制温度，加快干燥过程。为了进一步提高干燥速率，可在解吸阶段采用循环调压的方法，其调压范围为20～60Pa。在干燥过程中，物料的表面温度最高不得超过40℃，以防止蛋白质热变性及影响制品的复水性。

(6)包装和贮存　干燥结束后，用纯净N_2(含氧率低于0.1%)破坏真空，冷却后在N_2环境中进行包装，包装材料选用隔氧性和滤光性较好的铝箔复合袋，由于冻干生牛肉片的多孔结构，使其具有很大的比表面积，因此其贮存过程除与含水量、温度和时间等因素有关外，氧的存在会加速其氧化变质过程。故在干燥结束后必须采用N_2破坏真空，并在N_2环境中包装，以减少产品与空气中氧的接触机会。

3. 产品质量

(1)感官指标　色泽：呈冻干牛肉制品所特有的浅枣红色。气味：具有冻干牛肉特有的气味。

(2)理化指标　水分35%，体积质量0.25g/mL，复水率92%，复水时间1.3min，持水能力70%，蛋白质含量51%。

二、鸡肉丁冷冻干燥

1. 工艺流程

冻鸡脯肉→解冻
↓
鲜鸡脯肉→整理清洗→切丁→热烫→离心脱水→预冻→干燥→出料→包装

2. 操作要点

(1)清洗、切丁　鲜鸡脯肉剔除肌肉上附着的脂肪及结缔组织，清洗干净，控去血水，用切肉机切丁。冷冻鸡肉需解冻至组织稍软后切丁，丁形为正方形，大小约3mm×3mm×3mm。

(2)热烫　热烫水温80～90℃，时间2min左右。捞出后稍冷却即用离心机预脱水，脱水后的肉丁平铺在干燥托盘中，厚度约6mm。

(3)干燥　打开压缩机，对干燥仓搁板制冷，约10min后板温达－15℃。此时将料盘送入干燥仓，置于下搁板上预冻，约1.5h后测料温为－20℃左右；开真空泵，对捕水器和干燥仓抽空，通电，对搁板加热，设置搁板极限温度为40℃；维持干燥室真空度在17Pa左右；维持捕水器真空度在10Pa，温度在－50～－45℃。

(4)出料、包装　当仪表显示料温37.8℃，接近加热搁板设定极限温度时，可认为到达干燥终点。打开干燥仓排空阀门放空，取出鸡肉丁迅速用塑料袋封口包装。

3. 产品质量

冷冻干燥鸡肉丁外观不干缩，质地酥脆，投入30℃水中5min，即可复水至饱满而柔软。

三、牡蛎冷冻干燥

1. 工艺流程

牡蛎→去壳洗净→牡蛎肉→清洗→烫漂→称重→装盘→预冻→冻干(升华干燥和解吸干燥)→干品→包装→成品

2. 操作要点

(1)前处理阶段　鲜活带壳牡蛎的外壳及肉上附有许多泥沙、黏液及微生物。先剥去壳，肉放在洁净容器中，加入清水轻轻搅拌洗净。将洗净牡蛎肉放入水温约50℃的热水中烫漂1min，沥水后预冻。

(2)预冻阶段　将干燥库空箱预冻1h，制冷温度达到-30℃左右，然后把沥干水的牡蛎装进料盘，置于冻干室内进行预冻。装入物料后，制冷机制冷约1.5h内速冻到-40℃,使之冻透，用电阻法测试出共晶点温度后保持30min，可视为速冻阶段结束。

(3)升华阶段　物料预冻结束后，启动真空泵，使干燥仓内压力达到30Pa左右，进入升华干燥。在升华干燥阶段压力波动不能太大，同时温度不超过物料共熔点。干燥时间约10h，升华干燥基本完成。

(4)解吸及后处理阶段　当物料温度在共熔点温度以上蒸发干燥时，固相的水已基本没有了，剩下的结合水约占5%。由于气化量减少，产品温度上升较快，因此注意逐渐减少供热量，使温度降低到物料最高容许温度以下，防止焦化。当物料温度与搁板温度趋于接近时，可视为干燥完毕，此时，关断加热系统，保温1h，即可出箱。真空包装后，入库或上市销售。

3. 冻干牡蛎的品质分析

(1)组织结构变化　牡蛎经冻干后空隙致密，保持冻干前的体积、形状基本不变，形成海绵团状的结构。复水后在外观上与鲜牡蛎相似，且其质构和风味都基本不变。

(2)色泽变化　新鲜牡蛎躯体饱满或稍软，呈乳白色，体液澄清，有牡蛎固有气味。冻干后的牡蛎颜色为暗灰色。牡蛎冻干后引起颜色变化的原因有：肌肉色素和血液色素的变化；由类胡萝卜素的氧化褪色或向其他组织转移；酶促褐变；美拉德反应和由重金属离子、微生物生长代谢所引起的各种颜色变化。这些因素综合影响，使得冻干后的牡蛎颜色呈暗灰色。

(3)冻干牡蛎氨基酸含量的变化　冻干处理后，牡蛎的氨基酸含量的测试结果以及对照数据比较，冻干处理对氨基酸的影响不大。冻干后的牡蛎其鲜味保持不变。处理后，6种呈味氨基酸的含量均超过其呈味阈值。

四、芦荟冷冻干燥

1. 工艺流程

鲜叶芦荟→预处理→称重装盘→入仓→预冻→升温干燥→解吸干燥→保温(1h)→出仓→检测→真空包装→成品入库

2. 操作要点

(1)预处理　芦荟经清洗后，在40℃的水中烫漂2~3min，然后在-5℃左右的低温下使之内部冻实，再取出使之表皮解冻，然后去掉表皮，制成宽约0.5cm左右的切片。

(2)真空冻干阶段　此阶段包括升华干燥、测试芦荟共晶点温度及其电阻值。根据冻干曲线要求进行解吸干燥，经保温阶段，至冻干阶段结束。测出芦荟的共晶点为-12℃,共熔点为2℃。冻干工艺参数为：预冻温度为-35℃，升华温度为-5℃，最高允许温度为40℃，得到了较好的芦荟冻干制品。

(3)后处理阶段　因为冻干物质容易吸收空气中的水分而变质，所以后处理工作也是关键，它包括出仓、产品压缩、称重、分装、检测、真空包装、入库或上市。

3. 注意事项

芦荟冻干与其他物品冻干的不同之处在于，芦荟凝胶为晶体状，多糖型，结构紧密，黏稠度高，温度难于控制，易于氧化。因此，冻干的整个工艺流程，真空技术始终贯穿其中，以防止在各个处理环节中的物理化学变化，以及中间环节的污染问题。严格按工艺曲线控制各阶段的温度变化，尽量减少中间环节，确保产品纯净。

五、枸杞色素粉冷冻干燥

1. 工艺流程

浸膏状色素→清洗、消毒→装料→速冻→干燥（升华干燥，解吸干燥）→干品→粉碎→包装

2. 操作要点

(1)清洗、消毒、装料　冻干装置清洁是保证冻干制品质量的前提，冻干设备在使用前需用清水对干燥箱和水汽凝结器、料盘清洗，然后用消毒液进行消毒处理，也可用酒精擦拭。

(2)共晶点、共熔点温度及测定　共晶点或共熔点温度测定一般采用电阻法。将枸杞色素膏置于实验机的制冷箱中，逐步降温，观察电阻表电阻突变至无穷大，此刻枸杞色素膏的温度为共晶点温度。然后给枸杞色素膏缓慢升温，其电阻值明显变小时的温度为共熔点温度。根据物料在速冻过程中温度变化所作出的曲线，查出枸杞色素膏的共晶点温度为-10℃。

(3)设定冻结速度及温度　冻结速度影响物料冻结时形成冰晶体的大小，冰晶体的大小又影响着升华速度。冰晶体晶粒大，吸热快，升华速度也快；反之则慢。但冰晶粒越小，产品品质越好；反之则差。经试验，设定冻结速度为3.5h内物料由常温降至-30℃。

(4)干燥最高允许温度　干燥阶段决定物料允许最高温度的主要因素是组分的热变性、物料的颜色、风味、芳香成分及主要营养素的变化程度。一般植物性物料的允许温度为40~70℃，果品的终温上限为45~55℃。因枸杞色素为热敏性物料，在枸杞鲜果的烘干试验中发现，温度超过50℃，制品的质量会受到影响。因此，设定枸杞色素膏

的干燥终温上限为50℃。

(5)干燥阶段　干燥分升华干燥和解吸干燥两个阶段。物料预冻结结束后，启动真空泵，使干燥仓内压力达到80Pa开始加热进入升华干燥。在升华干燥阶段压力波动不能太大，同时温度不超过物料共熔点。干燥进行约13h，升华干燥基本完成。此后，枸杞色素进入解吸干燥，在此阶段要保持物料不能升温过快，干燥5~6h后，温度达到50℃，干燥即告结束，干燥结束时干燥仓压力为32Pa。干燥过程中捕水器压力为45Pa，干燥结束时压力为30Pa。

(6)枸杞色素粉的包装　枸杞色素粉具有吸湿性强、易潮解、易氧化的特性，因此包装材料应选择不透明、防潮性好的材料，如复合铝箔膜等。包装环境要清洁，温度低于25℃，湿度小于50%，最好采用真空包装或真空充氮包装。

2. 枸杞色素粉的感官及理化指标

(1)感官指标　色泽：具有枸杞色素特有的暗红色，略带黄色。组织形态：粉末状或极易松散的块状，均匀。气味：稍有正常的枸杞味，无其他异味。

(2)理化指标　枸杞色素膏经冷冻干燥后，其理化指标如下：总糖74.5%，蛋白质13.4%，β-胡萝卜素6.1%，水分2.8%，脂肪0.054%，灰分2.75%。

枸杞色素粗粉中β-胡萝卜素含量较高，利用该色素粉可进一步研制食品添加剂和化妆品添加剂。还可用超临界CO_2流体萃取技术从色素粉中萃取纯化β-胡萝卜素，应用于医药和保健品行业。

第二节　超临界流体萃取实验

一、大豆胚芽油的超临界CO_2萃取

大豆胚芽是大豆制取低温豆粕过程中的副产物，占大豆的2%~2.5%。大豆胚芽一般含油在10%左右，大豆胚芽油的营养价值很高。据测定：大豆胚芽油中不饱和脂肪酸含量高达84%左右，其中亚油酸和亚麻酸的含量分别是53%和24%，大豆胚芽油中亚麻酸含量是所有胚芽油中最高的。

1. 工艺流程

大豆胚芽→干燥→粉碎→过筛→称重→装料→密封→升温升压到预定值→超临界CO_2→流体萃取→减压分离→大豆胚芽油

2. 操作要点

大豆胚芽用真空烘箱加热干燥40min，取出后用多功能粉碎机粉碎、过筛。称取处理后的大豆胚芽500g装入萃取釜，然后打开CO_2钢瓶，同时调节萃取温度、分离温度至设定温度。开启柱塞往复泵进行加压至设定萃取压力，调节CO_2流量至设定值。在此条件下萃取，当达到设定的萃取时间时，由分离釜收集大豆胚芽油。精确称量大豆胚芽油，并计算萃取率。

3. 萃取效果评价

通过超临界 CO_2流体萃取大豆胚芽油的实验，需要对萃取压力、萃取温度、萃取时间和 CO_2流量进行调整与控制，从而提高大豆胚芽油的萃取率。最适宜的萃取条件为萃取压力 30MPa、萃取温度 45℃、萃取时间 120min、CO_2流量 25kg · h^{-1}，在此条件下萃取率为 91. 38%；超临界 CO_2法得到的大豆胚芽油不饱和脂肪酸含量为 84. 2%，其中亚麻酸和亚油酸占 74%。

二、CO_2超临界萃取技术提取刺玫果籽油

刺玫果系蔷薇科、蔷薇属植物，小灌木，又称野玫瑰。主要分布于黑龙江省小兴安岭以南地区，常生于疏林地或林缘，耐瘠薄，耐干旱，在有机质含量很低的沙滩地、河岸、荒山荒坡及道路两旁生长良好。刺玫果果实具有抗衰老、抗辐射、提高免疫力等功效。

1. 工艺流程

原料→干燥→粉碎→过筛→称重→装入反应釜→ CO_2超临界萃取→分离→刺玫果籽油

2. 操作要点

如上文"一、大豆胚芽油的超临界 CO_2萃取"所述。

3. 萃取效果评价

利用超临界 CO_2技术萃取刺玫果籽油，最佳萃取参数：萃取温度 45℃，萃取压力 25 MPa，萃取时间 3. 5h，粉碎度 50 目、投料量 300. 0g。在此条件下，刺玫果籽油的萃取率可达到 97. 79%。

第四章　数据处理在食品工程中的应用

第一节　用 Excel 处理食品工程实验数据

一、Excel 基础知识

1. 在单元格中输入公式

【例 4-1】试计算 $3.14159 \div 28 \times 5^6 \times 10^{-3} \times 10^3$

方法：在任意单元格中输入“ =3. 141 59/28 * 5^6 * le - 3 * le3”，结果为 1 753。

注意：① 一定不要忘记输入等号“ = ”；②公式中需用括号时，只允许用“( )”，不允许用“{ }”或“[ ]”。

提醒：①若公式中包括函数，可通过“插入”菜单下的“函数”命令得到；②le - 3↔10^{-3}，le3↔10^3。

2. 处理食品工程实验数据时常用的函数

① POWER(number，power) ↔$number^{power}$。

提示：可以用“^”运算符代替函数 POWER 来表示对底数乘方的幂次，如 5^2。

② SQRT(number) ↔ $\sqrt{number}$，EXP(number) ↔e^{number}。

③ LN(number) ↔ln(number)，LOG10(number) ↔lg(number)。

3. 在单元格中输入符号

【例 4-2】在单元格 A1 中输入符号“λ”

方法一：打开“插入”菜单→选“符号”命令插入希腊字母 λ。

提醒：无论要输入什么符号，都可以通过“插入”菜单下的“符号”或“特殊符号”命令得到。

方法二：打开任意一种中文输入法，用鼠标单击键盘按钮，选择希腊字母，得到希腊字母键盘，用鼠标单击“λ”键。

二、Excel 处理基本食品工程原理实验数据示例

(一)流体流动阻力实验

1. 原始数据

实验原始数据如图 4-1 所示。

2. 数据处理

(1)物性数据　查密度黏度对照表可得 18. 5℃下水的密度与黏度分别为998. 5kg · m^{-3}

流体流动阻力实验举例.xls

	A	B	C	D	E	F
1	水温：	18.5℃				
2	管子材料：	不锈钢		直管压差计指示剂：水银		
3	直管规格：	管长2m，管径Φ21mm		局部压差计指示剂：氯仿		
4	闸阀：	管径Φ32mm				
5	仪表常数：	ξ＝324.15次／升				
6						
7	序号	流量计示值	直管阻力/m².s⁻²		局部阻力/m².s⁻²	
8		次/秒	左	右	左	右
9	1	834	3.19	5.82	9.27	0.50
10	2	619	3.74	5.29	7.50	2.22
11	3	451	4.06	4.96	6.25	3.47
12	4	360	4.20	4.82	5.74	3.98
13	5	304	4.28	4.74	5.50	4.23
14	6	243	4.36	4.67	5.27	4.46
15	7	209	4.39	4.63	5.16	4.57
16	8	171	4.42	4.60	5.06	4.66
17	9	161	4.43	4.59	5.04	4.67
18	10	132	4.46	4.57	4.97	4.74

原始数据记录表／中间运算表／结果表／

图 4-1　流体流动阻力实验原始数据

和1.042 9mPa·s。

(2)数据处理的计算过程

①插入两个新工作表：插入两个新工作表并分别命名为“中间运算表”和“结果表”，将“原始数据表”中第7~18行内容复制至“中间运算表”。

②中间运算过程：在C4：P4单元格区域内输入公式。

◆在单元格G4中输入公式“=C4-D4”——计算直管压差计读数(R_1)；

◆在单元格H4中输入公式“=E4-F4”——计算局部压差计读数(R_2)；

◆在单元格I4中输入公式“=B4/324.15”——计算管路流量($qv = F/\xi q_v$)；

◆在单元格J4中输入公式“=4*I4*le-3/3.141 59/(0.021^2)”——计算流体在直管内的流速($u = 4qv/\pi d^2$)；

◆在单元格K4中输入公式“=4*I4*le-3/3.141 59/(0.032^2)”——计算流体在与闸阀相连的直管中的流速($u = 4qv/\pi d^2$)；

◆在单元格L4中输入公式“=(13 600-998.5)*G4/998.5”——计算流体流过长为2m、内径为21mm直管的阻力损失[$h_{f1} = \Delta p/\rho = (\rho_i - \rho)gR_1/\rho$]；

◆在单元格M4中输入公式“=(1 477.5-998.5)*H4/998.5”——计算流体流过闸阀的阻力损失[$h_{f2} = (\rho g\Delta z + \Delta p)/\rho = (\rho_{i2} - \rho)gR_2/\rho$]；

◆在单元格N4中输入公式“=L4*0.021/2*2/(J4^2)*le2”——计算摩擦系数[$\lambda = h_{f1}(d_1/l)(2/u_1^2)$]；

◆在单元格O4中输入公式“=M4*2/(K4^2)”——计算局部阻力系数($\xi = 2h_{f2}/u_2^2$)；

◆在单元格P4中输入公式“=0.021*J4*998.5/1.042 9e-3*le-4”——计算流体在直管中流动的雷诺数($Re = d_1 u_1 \rho/\mu$)。

选定 I4：P4 单元格区域(图 4-2)，再用鼠标拖动 P4 单元格下的填充柄(单元格右下方的“ + ”号)至 P13，复制单元格内容，结果如图 4-3 所示。

流体流动阻力实验举例.xls

	A	B	G	H	I	J	K	L	M	N	O	P
1												
2	序号	流量计示值	直管压差R	局部压差R	体积流量	$u_{直}$	$u_{局}$	$h_{f直}$	$h_{f局}$	$\lambda\times10^2$	ξ	$Re\times10^{-4}$
3		次/秒			$(\times10^{-3}m^3.s^{-1})$	$/m.s^{-1}$	$/m.s^{-1}$	$/Jkg^{-1}$	$/Jkg^{-1}$			
4	1	834	2.63	8.77	2.573	7.43	3.20	33.19	4.21	1.26	0.822	14.94
5	2	619	1.55	5.28								
6	3	451	0.90	2.78								
7	4	360	0.62	1.76								
8	5	304	0.46	1.27								
9	6	243	0.31	0.81								
10	7	209	0.24	0.59								
11	8	171	0.18	0.40								
12	9	161	0.16	0.37								
13	10	132	0.11	0.23								

原始数据记录表 中间运算表 结果表

图 4-2 选定单元格 I4：P4

流体流动阻力实验举例.xls

	A	B	G	H	I	J	K	L	M	N	O	P
1												
2	序号	流量计示值	直管压差R	局部压差R	体积流量	$u_{直}$	$u_{局}$	$h_{f直}$	$h_{f局}$	$\lambda\times10^2$	ξ	$Re\times10^{-4}$
3		次/秒			$(\times10^{-3}m^3.s^{-1})$	$/m.s^{-1}$	$/m.s^{-1}$	$/Jkg^{-1}$	$/Jkg^{-1}$			
4	1	834	2.63	8.77	2.573	7.43	3.20	33.19	4.21	1.26	0.822	14.94
5	2	619	1.55	5.28	1.910	5.51	2.37	19.56	2.53	1.35	0.899	11.09
6	3	451	0.9	2.78	1.391	4.02	1.73	11.36	1.33	1.48	0.891	8.08
7	4	360	0.62	1.76	1.111	3.21	1.38	7.82	0.84	1.60	0.886	6.45
8	5	304	0.46	1.27	0.938	2.71	1.17	5.81	0.61	1.66	0.896	5.44
9	6	243	0.31	0.81	0.750	2.16	0.93	3.91	0.39	1.75	0.894	4.35
10	7	209	0.24	0.59	0.645	1.86	0.80	3.03	0.28	1.84	0.881	3.74
11	8	171	0.18	0.4	0.528	1.52	0.66	2.27	0.19	2.06	0.892	3.06
12	9	161	0.16	0.37	0.497	1.43	0.62	2.02	0.18	2.06	0.931	2.88
13	10	132	0.11	0.2	0.407	1.18	0.51	1.39	0.11	2.11	0.861	2.36

原始数据记录表 中间运算表 结果表

图 4-3 复制 I4：P4 单元格内容后的结果

③运算结果：将“中间运算表”中 A4：A13、N1：N13、O4：O13、P4：P13 单元格区域内容复制至“结果表”，并添加 E 列与 F 列，其中 E2 = B2 * 1e4，F2 = C2 * 100，运算结果如图 4-4 所示。

(3)实验结果的图形表示——绘制 $\lambda - Re$ 双对数坐标图

流体流动阻力实验举例.xls

	A	B	C	D	E	F
1	序号	$Re\times10^{-4}$	$\lambda\times10^2$	ξ	Re	λ
2	1	14.94	1.26	0.822	149354	0.0126
3	2	11.09	1.35	0.899	110851	0.0135
4	3	8.08	1.48	0.891	80766	0.0148
5	4	6.45	1.60	0.886	64469	0.0160
6	5	5.44	1.66	0.896	54441	0.0166
7	6	4.35	1.75	0.894	43517	0.0175
8	7	3.74	1.84	0.881	37428	0.0184
9	8	3.06	2.06	0.892	30623	0.0206
10	9	2.88	2.06	0.931	28832	0.0206
11	10	2.36	2.11	0.861	23639	0.0211

原始数据记录表 中间运算表 结果表

图 4-4 流体流动阻力实验结果

①打开图表向导：选定 E2：F11 单元格区域，点击工具栏上的“图表向导”(图 4-5)，得到“图表向导-4 步骤之 1 - 图表类型”对话框(图 4-6)。

②创建 $\lambda - Re$ 图：

◆点击“下一步”，得到“图表向导 -4 步骤之 2 - 图表源数据”对话框(图 4-7)。若系列产生在“行”，改为系列产生在“列”；

◆点击“下一步”，得到“图表向导 -4 步骤之 3 - 图表选项”对话框(图 4-8)，在数值 x 值下输入 Re，在数值 y 值下输入 λ；

◆点击“下一步”，得到“图表向导 -4 步骤之 4 - 图表位置”对话框(图 4-9)，点击“完成”，得到直角坐标下的“$\lambda - Re$”图(图 4-10)。

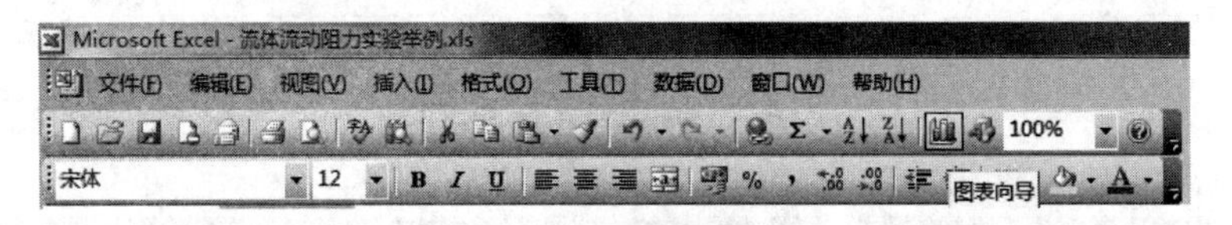

图 4-5 图表向导

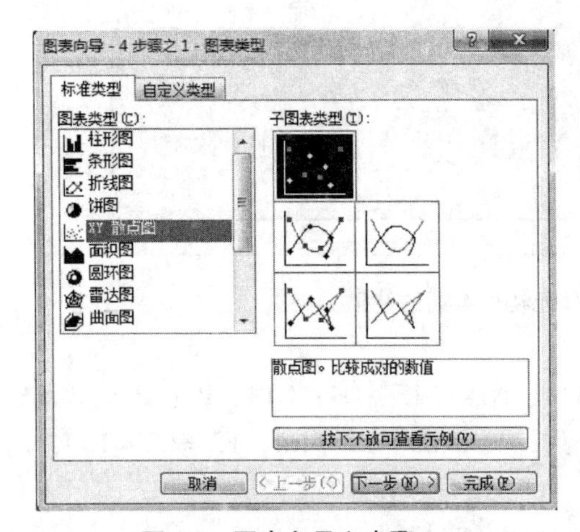

图 4-6 图表向导之步骤 1

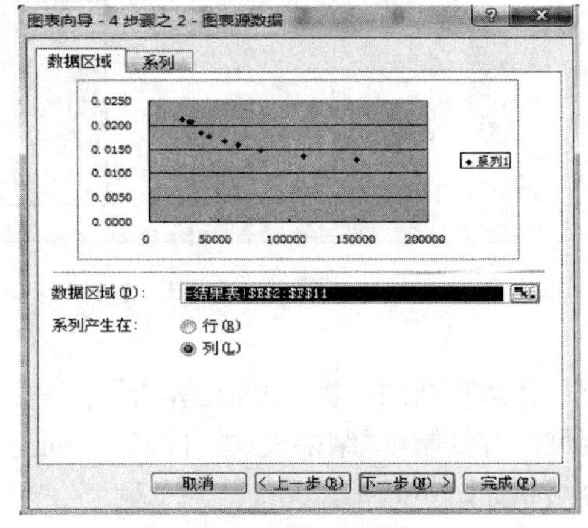

图 4-7 图表向导之步骤 2

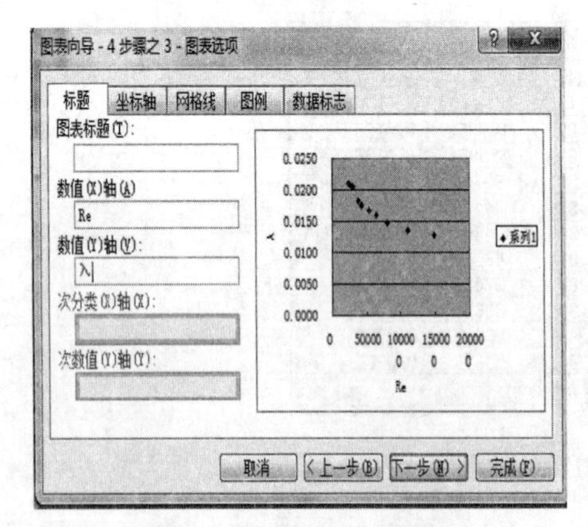

图 4-8 图表向导之步骤 3

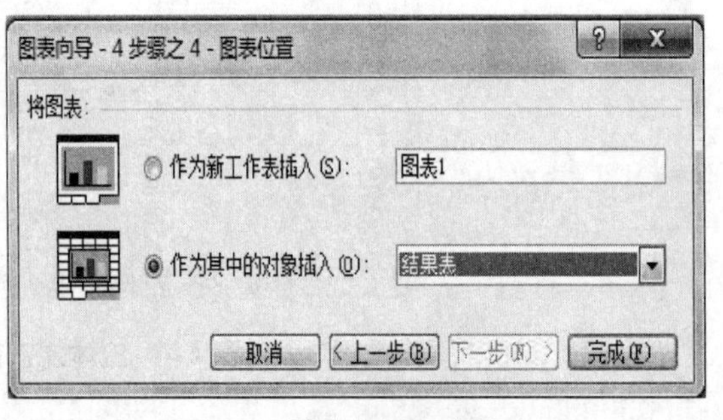

图 4-9 图表向导之步骤 4

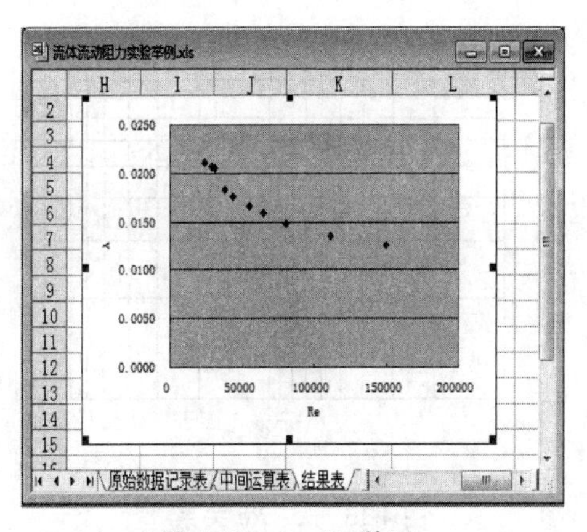

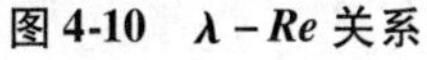
图 4-10 λ－*Re* 关系

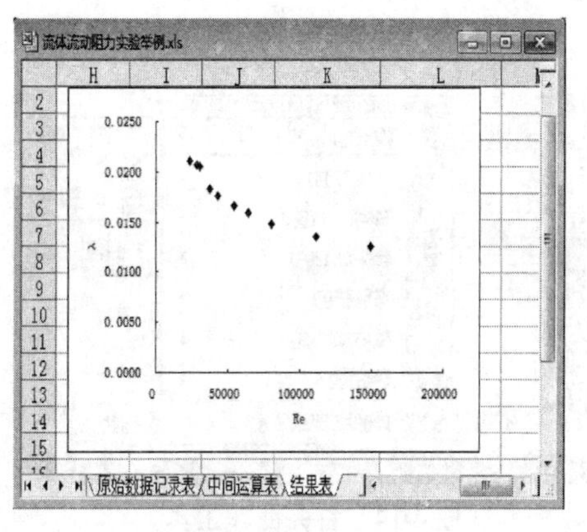

图 4-11 结 果

③修饰 λ－*Re* 图：

◆清除网格线和绘图区填充效果：选定“数值 *Y* 轴主要网格线”，点击“Del”键，选定绘图区，点“Del”键，结果如图 4-11 所示；

◆将 *X*、*Y* 轴的刻度由直角坐标改为对数坐标：选定 *X* 轴，点右键，选择坐标轴格式得到“坐标轴格式”对话框，根据 *Re* 的数值范围改变“最小值”、“最大值”，并将“主要刻度”改为“10”，选中“对数刻度”，从而将 *X* 轴的刻度由直坐标改为对数坐标(图 4-12)，同理将 *Y* 轴的刻度由直角坐标改为对数坐标，改变坐标轴后得到结果图(图 4-13)；

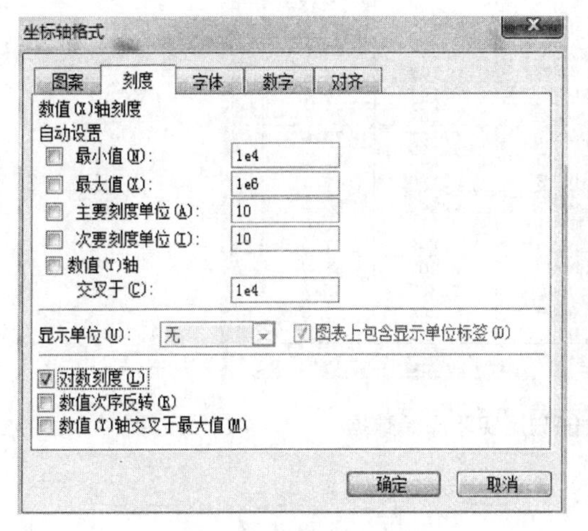

图 4-12 坐标轴格式对话框

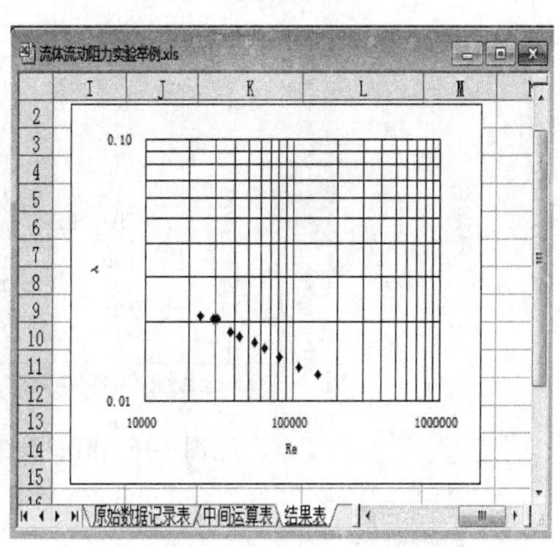

图 4-13 将 *X*、*Y* 轴改为对数刻度

◆用绘图工具绘制曲线：打开“绘图工具栏”(方法：点击菜单上的“视图”→选择“工具栏”→选择“绘图”命令)，单击“自选图形”→指向“线条” →再单击“曲线”命令(图 4-14)，绘制曲线(方法：单击要开始绘制曲线的位置，再继续移动鼠标，然后单击要添加曲线的任意位置。若要结束绘制曲线，请随时双击鼠标)，得到最终结果图(图 4-15)。

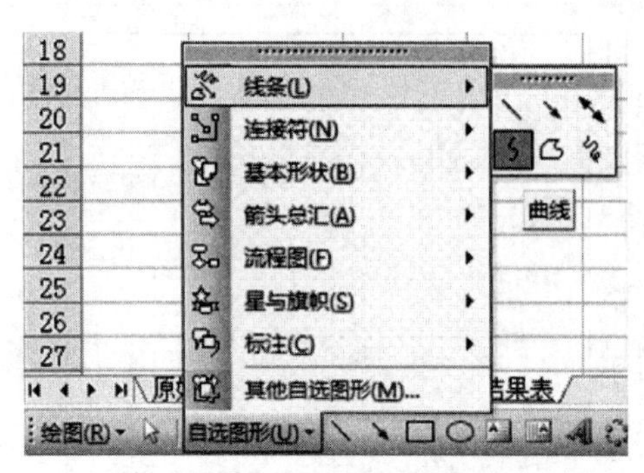

图 4-14 打开曲线工具

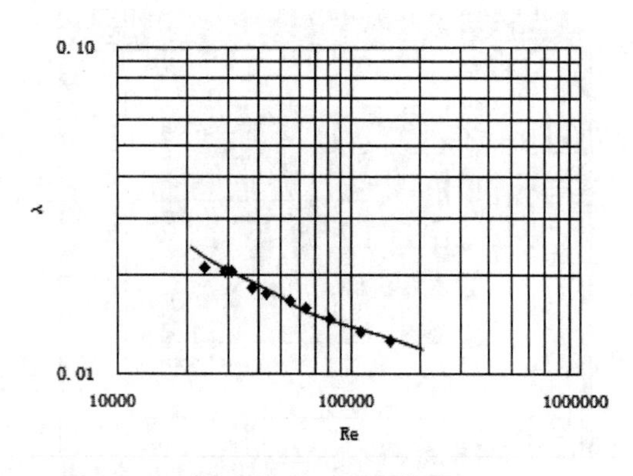

图 4-15 λ－*Re* 关系

(二)离心泵特性曲线测定实验

1. 原始数据

实验原始数据如图 4-16 所示。

pump.xls

	A	B	C	D	E
1	泵型：	1½BL-6	泵入口管径：	40mm	
2	功率：	15×读数	泵出口管径：	32mm	
3	仪表常数	320.40次/升			
4	转速：	2900r.p.m	水温：	18.6℃	
5					
6	序号	流量计示值	真空表	压力表	电机功率
7		/次.L^{-1}	/Mpa	/Mpa	/（×15W）
8	1	1200	0.0456	0.116	83.3
9	2	1140	0.0425	0.125	80.9
10	3	1080	0.0382	0.134	78.2
11	4	1019	0.0343	0.144	76.8
12	5	960	0.0312	0.152	75.2
13	6	900	0.0272	0.161	73.6
14	7	836	0.0245	0.169	71.2
15	8	779	0.0218	0.176	69.3
16	9	700	0.0185	0.183	66.2
17	10	601	0.0147	0.191	62.0
18	11	500	0.0114	0.198	57.9
19	12	406	0.0088	0.202	53.8
20	13	193	0.0048	0.203	43.3
21	14	120	0.0036	0.204	39.8
22	15	9	0.0028	0.211	35.2

原始数据 / 中间结果 / 结果与图

图 4-16 离心泵性能测定实验原始数据

2. 数据处理

(1)物性数据　查水密度对照表得 18.6℃下水的密度为 998.2kg·m^{-3}。

(2)实验数据处理的计算过程

①插入两个新工作表：插入两个新工作表并分别命名为“中间结果”和“结果与图”，将“原始数据”中第 6～22 行内容复制至“中间结果”表。

②中间运算过程在 F4：L4 单元格区域内输入公式。

◆在单元格 F4 中输入公式“=B4/320.40”——计算流量($q_v = F/\xi$)；

◆在单元格 J4 中输入公式“ =4 * F4 * le－3/3. 141 59/(0. 04^2)”——计算流体在吸入管路中的流速($u_1=4q_v/\pi d_1^2$)；

◆在单元格 H4 中输入公式“ =4 * F4 * le－3/3. 141 59/(0. 032^2)”——计算流体在压出管路中的流速($u_2=4q_v/\pi d_2^2$)；

◆在单元格 I4 中输入公式“ =(C4 + D4) * le6/998. 2/9. 81 + (H4^2 － G4^2)/2/9. 81”——计算扬程[$H_e=(p_{真}+p_{压})/\rho g+(u_2^2-u_1^2)/2g$]；

◆在单元格 J4 中输入公式“ =15 * E4 * le－3”——计算轴功率 P_a；

◆在单元格 K4 中输入公式“ =998. 2 * 9. 81 * F4 * le－3 * I4 * le－3”——计算有效功率($\eta=\rho g q_v H_e$)；

◆在单元格 L4 中输入公式“ =K4/J4 * 100”——计算效率($\eta=P_e/P_a$)。选定 G4: L4 单元格区域，再用鼠标拖动 L4 单元格下的填充柄至 L18。完成单元格内容的复制，运算结果如图 4-17 所示。

(3)实验数据的图形表示

①准备绘图要用的原始数据：将“中间结果”工作表中的 F、I、J、L 列数据复制至“结果与图”工作表(图 4-18)。

pump.xls

	A	F	G	H	I	J	K	L
1								
2	序号	流量	u入	u出	He	Pa	Pe	η
3		/×10^{-3}m^3.s^{-1}	/m.s^{-1}	/m.s^{-1}	/m	/kW	/kW	/%
4	1	3.745	2.98	4.66	17.16	1.250	0.629	50.4
5	2	3.558	2.83	4.42	17.69	1.214	0.616	50.8
6	3	3.371	2.68	4.19	18.11	1.173	0.598	51.0
7	4	3.180	2.53	3.95	18.68	1.152	0.582	50.5
8	5	2.996	2.38	3.73	19.13	1.128	0.561	49.7
9	6	2.809	2.24	3.49	19.59	1.104	0.539	48.8
10	7	2.609	2.08	3.24	20.08	1.068	0.513	48.0
11	8	2.431	1.93	3.02	20.47	1.040	0.487	46.9
12	9	2.185	1.74	2.72	20.80	0.993	0.445	44.8
13	10	1.876	1.49	2.33	21.17	0.930	0.389	41.8
14	11	1.561	1.24	1.94	21.50	0.869	0.329	37.8
15	12	1.267	1.01	1.58	21.60	0.807	0.268	33.2
16	13	0.602	0.48	0.75	21.24	0.650	0.125	19.3
17	14	0.375	0.30	0.47	21.21	0.597	0.078	13.0
18	15	0.028	0.02	0.03	21.83	0.528	0.006	1.1

原始数据 / 中间结果 / 结果与图

图 4-17　离心泵性能测定运算结果

pump.xls

	A	B	C	D	E
1					
2	序号	流量	He	Pa	η
3		/×10^{-3}m^3.s^{-1}	/m	/kW	/%
4	1	3.745	17.2	1.250	50.4
5	2	3.558	17.7	1.214	50.8
6	3	3.371	18.1	1.173	51.0
7	4	3.180	18.7	1.152	50.5
8	5	2.996	19.1	1.128	49.7
9	6	2.809	19.6	1.104	48.8
10	7	2.609	20.1	1.068	48.0
11	8	2.431	20.5	1.040	46.9
12	9	2.185	20.8	0.993	44.8
13	10	1.876	21.2	0.930	41.8
14	11	1.561	21.5	0.869	37.8
15	12	1.267	21.6	0.807	33.2
16	13	0.602	21.2	0.650	19.3
17	14	0.375	21.2	0.597	13.0
18	15	0.028	21.8	0.528	1.1

原始数据 / 中间结果 / 结果与

图 4-18　离心泵的性能参数

②创建泵特性曲线：选择单元格区域 B4：E18，按图表向导作图(图 4-19)。

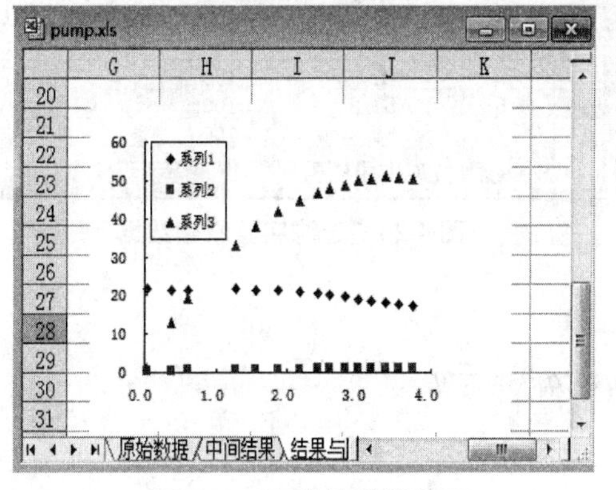

图 4-19　泵特性曲线草图

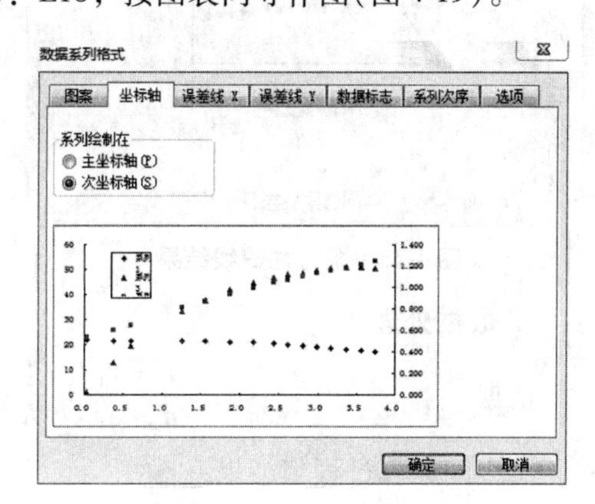

图 4-20　次坐标轴的选定

③修饰泵特性曲线：

◆将轴功率置于次坐标轴：选定系列 2(轴功率流量关系曲线)，单击鼠标右键，选择“数据系列格式”，得到“数据系列格式”对话框(图 4-20)，打开“坐标轴”选项，选择“次坐标轴”，得到图 4-21；

◆添加标题：将鼠标置于“绘图区”，菜单栏上显示“图表”菜单→点击“图表选项”命令，得到“图表选项”对话框(图 4-22)；

◆添加实验条件、图例，得到泵特性曲线结果图(图 4-23)。

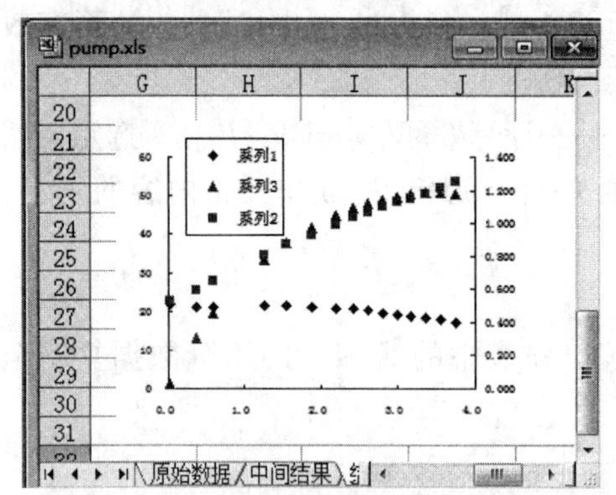

图 4-21 将 P_a-q_v 曲线置于次坐标轴后的结果

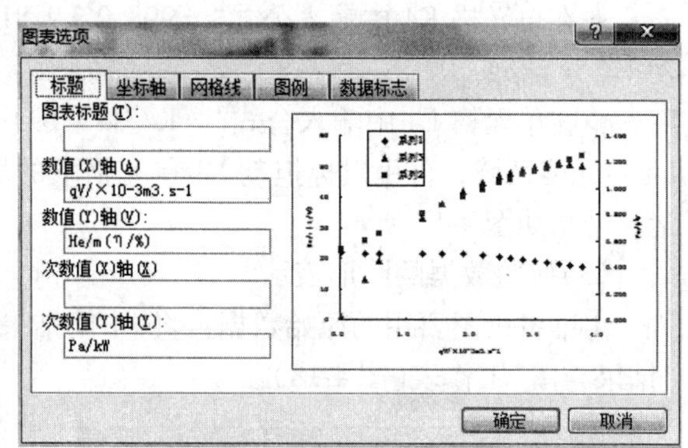

图 4-22 添加标题

(三)过滤实验

1. 原始数据

原始数据如图 4-24 所示。

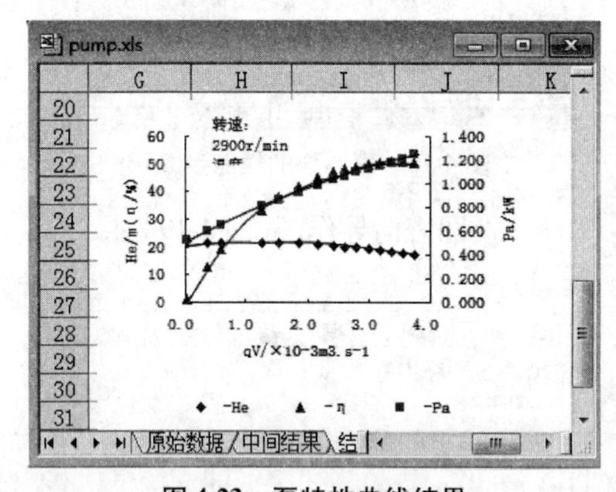

图 4-23 泵特性曲线结果

filtration.xls

	A	B	C	D
1	过滤圆盘直径：137cm		过滤压力/atm	0.92
2				
3	序号	过滤时间差	滤液量	
4		Δτ/s	ΔV/ml	
5	1	20.8	200	
6	2	26.5	100	
7	3	30.75	100	
8	4	43.17	100	
9	5	51.25	100	
10	6	53.2	100	
11	7	68.9	100	

原始数据 / 结果与图

图 4-24 过滤实验原始数据

2. 数据处理

依据 $$\frac{\tau-\tau_1}{q-q_1}=\frac{1}{K}(q+q_1)+\frac{2}{K}q_e$$

①中间运算过程与结果：

◆在单元格 D5 中输入：“ = C5 + D4”，并将该公式复制至“D6：D11”，求累积滤液体积；

◆在单元格 E5 中输入："=B5+E4"，并将该公式复制至"E6：E11"；

◆在单元格 F5 中输入："=D5*1e-6/$B$2"，并将该公式复制至"F6：F11"；

◆在单元格 G6 中输入："=F6+$F$5"，并将该公式复制至"G7：G11"；

◆在单元格 H6 中输入："=(E6-$E$5)/(F6-$F$5)"，并将该公式复制至"H7：H11"。

实施以上步骤后得到图 4-25。

filtration.xls

	A	B	C	D	E	F	G	H
1	方法一							
2	过滤面积A	0.0141	m^2					
3	序号	过滤时间差 $\Delta\tau$/s	滤液量 ΔV/ml	V/ml	τ/s	q/m	$q+q_1$/m	$(\tau-\tau_1)(q-q_1)$ /s.m^{-1}
4	0	0	0	0	0	0.00000		
5	1	20.8	200	200	20.8	0.01418		
6	2	26.5	100	300	47.3	0.02128	0.03546	3737
7	3	30.75	100	400	78.05	0.02837	0.04255	4036
8	4	43.17	100	500	121.22	0.03546	0.04965	4720
9	5	51.25	100	600	172.47	0.04255	0.05674	5346
10	6	53.2	100	700	225.67	0.04965	0.06383	5777
11	7	68.9	100	800	294.57	0.05674	0.07092	6434

原始数据 结果与图

图 4-25　恒压过滤实验数据处理结果

②创建 $(\tau-\tau_1)/(q-q_1)-(q+q_1)$ 图：以 G6：H11 单元格区域内容作图，结果如图 4-26 所示。

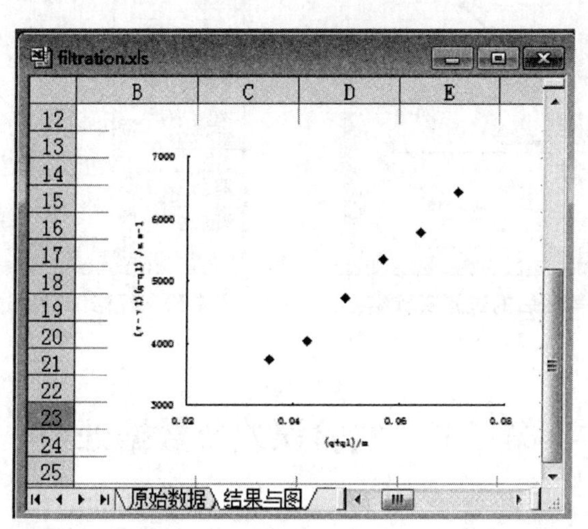

图 4-26　创建 $(\tau-\tau_1)/(q-q_1)-(q+q_1)$ 关系曲线

③添加趋势线与趋势方程：

◆单击数据系列，菜单栏上显示“图表”菜单→点击该菜单下的“添加趋势线”命令，得到“添加趋势线”对话框（图4-27）；

◆在“类型”选项卡上，单击“线性”选项；打开“选项”选项卡，选中“显示公式”与“显示R平方值”选项，如图4-28所示；单击“确定”按钮，得到图4-29；

◆将 y 改成 $(\tau-\tau_1)/(q-q_1)$，x 改成 $(q+q_1)$，得到最终结果（图4-30）。

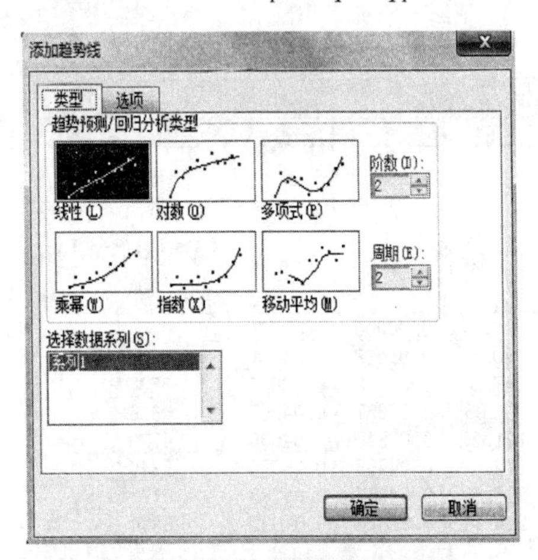

图4-27 “添加趋势线”对话框

图4-28 “添加趋势线”选项卡

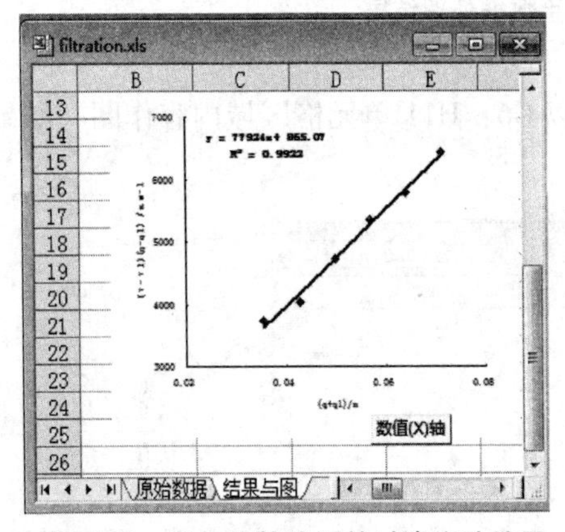

图4-29 添加趋势线后的过滤实验结果

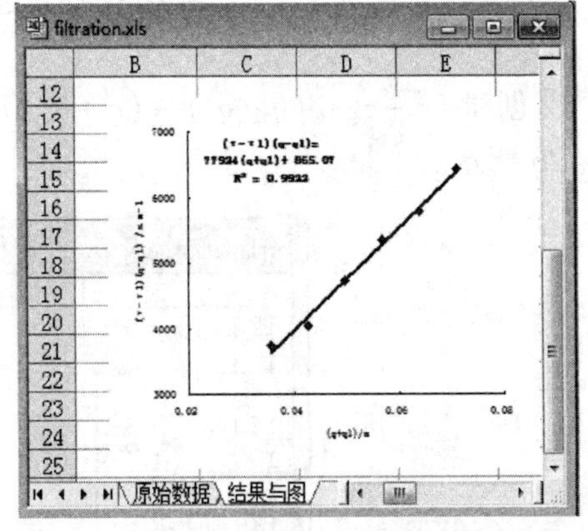

图4-30 经修饰后的过滤实验最终结果

第二节 实验误差及数据处理

一、实验误差

通过实验测量所得的大量数据是实验的初步结果，由于实验方法和实验设备的不完善、周围环境的影响以及人的观察力、测量程序等限制，实验测量值和真值之间，总是存在一定的差异，即误差的存在是必然的，具有普遍性。因此，研究误差的来源及其规律性，尽可能地减小误差，得到更准确的实验结果，对于寻找事物的规律，发现可能存在的新现象是非常重要的。

为了评定实验数据的精确性或误差，认清误差的来源及其影响，需要对实验的误差进行分析和讨论。由此可以判定哪些因素是影响实验精确度的主要方面，从而在以后实验中进一步改进实验方案，缩小实验测量值和真值之间的差值，提高实验的精确性。

(一)误差的定义

误差是实验测量值(包括直接和间接测量值)与真值(客观存在的准确值)之差。误差的大小表示每一次测得值相对于真值不符合的程度。误差有以下含义：

(1)误差永远不等于零　不管人们主观愿望如何，也不管人们在测量过程中怎样精心细致地控制，误差还是要产生的，不会消除，误差的存在是绝对的。

(2)误差具有随机性　在相同的实验条件下，对同一个研究对象反复进行多次的实验、测试或观察，所得到的不是一个确定的结果，即实验结果具有不确定性。

(3)误差是未知的　通常情况下，由于真值是未知的，研究误差时，一般都从偏差入手。

真值是待测物理量客观存在的确定值，也称理论值或定义值。通常真值是无法测得的。若在实验中，测量的次数无限多时，根据误差的分布定律，正负误差的出现概率相等。再经过细致地消除系统误差，将测量值加以平均，可以获得非常接近于真值的数值。但是实际上实验测量的次数总是有限的。用有限测量值求得的平均值只能是近似真值，常用的平均值有下列几种。

(1)算术平均值　算术平均值是最常见的一种平均值。

设 x_1，x_2，…，x_n 为各次测量值，n 代表测量次数，则算术平均值为：

$$\bar{x} = \frac{x_1 + x_2 + \cdots + x_n}{n} = \frac{\sum_{i=1}^{n} x_i}{n} \tag{4-1}$$

(2)几何平均值　几何平均值是将一组 n 个测量值连乘并开 n 次方求得的平均值，即：

$$\bar{x}_n = \sqrt[n]{x_1 x_2 \cdots x_n} \tag{4-2}$$

(3)均方根平均值

$$\bar{x}_{均} = \sqrt{\frac{x_1^2 + x_2^2 + \cdots + x_n^2}{n}} = \sqrt{\frac{\sum_{i=1}^{n} x_i^2}{n}} \tag{4-3}$$

(4)对数平均值　在化学反应、热量和质量传递中，其分布曲线多具有对数的特性，在这种情况下表征平均值常用对数平均值。

设两个量 x_1、x_2，其对数平均值为：

$$\bar{x}_{对} = \frac{x_1 - x_2}{\ln x_1 - \ln x_2} = \frac{x_1 - x_2}{\ln \frac{x_1}{x_2}} \tag{4-4}$$

应指出，变量的对数平均值总小于算术平均值。当 $x_1/x_2 \leq 2$ 时，可以用算术平均值代替对数平均值。

当 $x_1/x_2 = 2$, $\bar{x}_{对} = 1.443$, $\bar{x} = 1.50$, $\bar{x}_{对} - \bar{x}/\bar{x}_{对} = 4.2\%$，即 $x_1/x_2 \leq 2$，引起的误差不超过4.2%。

以上介绍各平均值的目的是要从一组测定值中找出最接近真值的那个值。在食品工程实验和科学研究中，数据的分布较多属于正态分布，所以通常采用算术平均值。

(二)误差的表征

反映测量结果与真实值接近程度的量，称为精确度。它与误差大小相对应，反映测量中所有系统误差和偶然误差综合的影响程度。测量的精确度越高，其测量误差就越小。它包括精密度和准确度两层含义。

(1)精密度　测量中所测得数值重现性的程度，称为精密度。它反映偶然误差的影响程度，精密度高就表示偶然误差小。

(2)准确度　测量值与真值的偏移程度，称为准确度。它反映系统误差的影响程度，准确度高就表示系统误差小。

在一组测量中，精密度高的准确度不一定高，准确度高的精密度也不一定高，但精密度是保证准确度的前提。精密度差，所测得的结果不可靠，就失去了衡量准确度的前提。

为了说明精密度与准确度的区别，可用下述打靶例子来说明，如图4-31所示。

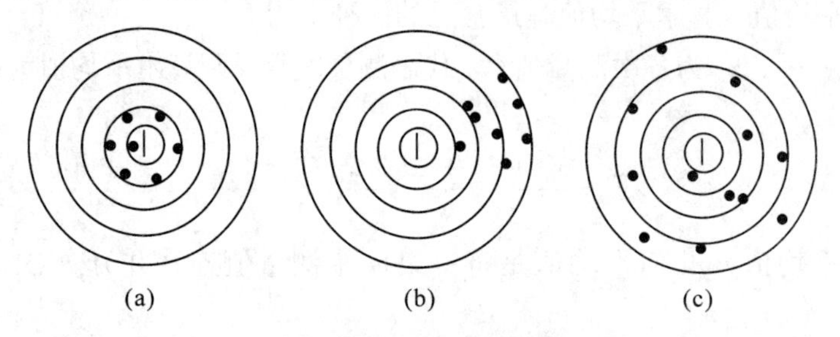

图4-31　精密度和准确度的关系

图4-31(a)表示精密度和准确度都很好，则精确度高；图4-31(b)表示精密度很好，但准确度却不高；图4-31(c)表示精密度与准确度都不好。在实际测量中没有像靶心那样明确的真值，而是设法去测定这个未知的真值。

学生在实验过程中，往往满足于实验数据的重现性，而忽略了数据测量值的准确程度。绝对真值是不可知的，人们只能制订出一些国际标准作为测量仪表准确性的参考标准。随着人类对科学认知的推移和发展，可以逐步逼近绝对真值。

(三)误差的表示

任何量通过仪器进行测量时，总存在误差，测量结果总不可能准确地等于被测量的真值，而只是它的近似值。测量的质量高低以测量精确度作指标，根据测量误差的大小来估计测量的精确度。测量结果的误差越小，则认为测量就越精确。

(1)绝对误差　测量值X和真值A_0之差为绝对误差，通常称为误差。记为：

$$D = X - A_0 \tag{4-5}$$

由于真值A_0一般无法求得，因而式(4-5)只有理论意义。常用高一级标准仪器的示值作为实际值A以代替真值A_0。由于高一级标准仪器存在较小的误差，因而A不等于A_0，但总比X更接近于A_0。X与A之差称为仪器的示值绝对误差，记为：

$$d = X - A \tag{4-6}$$

与d相反的数称为修正值，记为：

$$C = -d = A - X \tag{4-7}$$

通过检定，可以由高一级标准仪器给出被检仪器的修正值C。利用修正值便可以求出该仪器的实际值A，即

$$A = X + C \tag{4-8}$$

(2)相对误差　衡量某一测量值的准确程度，一般用相对误差来表示。示值绝对误差d与被测量的实际值A的百分比值称为实际相对误差，记为：

$$\delta_A = \frac{d}{A} \times 100\% \tag{4-9}$$

以仪器的示值X代替实际值A的相对误差称为示值相对误差，记为：

$$\delta_X = \frac{d}{X} \times 100\% \tag{4-10}$$

一般来说，除了某些理论分析外，用示值相对误差较为适宜。

(3)引用误差　为了计算和划分仪表精确度等级，提出引用误差概念。其定义为仪表示值的绝对误差与量程范围之比。

$$\delta_A = \frac{\text{示值绝对误差}}{\text{量程范围}} \times 100\% = \frac{d}{X_n} \times 100\% \tag{4-11}$$

式中　d——示值绝对误差；

X——标尺上限值 - 标尺下限值。

(4)算术平均误差　算术平均误差是各个测量点的误差的平均值。

$$\delta_{平} = \frac{\sum |d_i|}{n} \qquad i = 1,2,\cdots,n \tag{4-12}$$

式中　n——测量次数；

d_i——第i次测量的误差。

(5)标准误差　标准误差亦称为均方根误差，其定义为：

$$\sigma = \sqrt{\frac{\sum d_i^2}{n}} \tag{4-13}$$

式(4-13)适用无限次测量的场合。实际测量工作中，测量次数是有限的，则改用式(4-14)。

$$\sigma = \sqrt{\frac{\sum d_i^2}{n-1}} \tag{4-14}$$

标准误差不是个具体的误差，σ 的大小只说明在一定条件下等精度测量集合所属的每一个观测值对其算术平均值的分散程度，σ 的值小说明每一次测量值对其算术平均值分散度小，测量的精度就高，反之精度就低。

在食工原理实验中最常用的 U 形管压差计、转子流量计、秒表、量筒、电压等仪表原则上均取其最小刻度值为最大误差，而取其最小刻度值的一半作为绝对误差计算值。

(四)误差的分类

根据误差的性质和产生的原因，一般分为三类。

(1)系统误差　系统误差是指在测量和实验中未发觉或未确认的因素所引起的误差，而这些因素影响结果永远朝一个方向偏移，其大小及符号在同一组实验测定中完全相同，当实验条件一经确定，系统误差就获得一个客观上的恒定值。当改变实验条件时，就能发现系统误差的变化规律。

系统误差产生的原因：测量仪器不良，如刻度不准、仪表零点未校正或标准表本身存在偏差等；周围环境的改变，如温度、压力、湿度等偏离校准值；实验人员的习惯和偏向，如读数偏高或偏低等引起的误差。针对仪器的缺点、外界条件变化影响的大小、个人的偏向，待分别加以校正后，系统误差是可以清除的。

(2)随机误差　在已消除系统误差的测量值的观测中，所测数据仍在末一位或末两位数字上有差别，而且它们的绝对值和符号的变化，时而大时而小，时正时负，没有确定的规律，这类误差称为随机误差或偶然误差。随机误差产生的原因不明，因而无法控制和补偿。但是，倘若对某一量值做足够多次的等精度测量后，就会发现随机误差完全服从统计规律，误差的大小或正负的出现完全由概率决定。因此，随着测量次数的增加，随机误差的算术平均值趋近于零，所以多次测量结果的算数平均值将更接近于真值。

(3)过失误差　过失误差是一种显然与事实不符的误差，它往往是由于实验人员粗心大意、过度疲劳和操作不正确等原因引起的。此类误差无规则可寻，只要加强责任感、多方警惕、细心操作，过失误差是可以避免的。

请注意：上述三种误差之间，在一定条件下可以相互转化。

例如：尺子刻度划分有误差，对制造尺子者来说是随机误差；一旦用它进行测量时，这尺子的分度对测量结果将形成系统误差。随机误差和系统误差间并不存在绝对的界限。同样，对于过失误差，有时也难以和随机误差相区别，从而当作随机误差来处理。

(五)随机误差的正态分布

如果测量数列中不包括系统误差和过失误差，从大量的实验中发现随机误差的大小有如下几个特征：

①绝对值相等的正负误差出现的概率相等，纵轴左右对称，称为误差的对称性。

②绝对值小的误差比绝对值大的误差出现的概率大，曲线的形状是中间高两边低，称为误差的单峰性。

③在一定的测量条件下，随机误差的绝对值不会超过一定界限，称为误差的有界性。

④随着测量次数的增加，随机误差的算术平均值趋于零，称为误差的抵偿性。抵偿性是随机误差最本质的统计特性，换言之，凡具有抵偿性的误差，原则上均按随机误差处理。

根据上述的误差特征，随机误差的概率分布如图 4-32 所示。图中横坐标表示随机误差，纵坐标表示误差出现的概率，图中曲线称为误差分布曲线，以 $y = f(x)$ 表示。其数学表达式由高斯提出，具体形式为：

$$y = \frac{1}{\sqrt{2\pi}\sigma}e^{-\frac{x^2}{2\sigma^2}} \tag{4-15}$$

或

$$y = \frac{h}{\sqrt{\pi}}e^{-h^2x^2} \tag{4-16}$$

式中 σ——标准误差；

h——精确度指数。

以上两式称为高斯误差分布定律，亦称为误差方程。σ 和 h 的关系为：

$$h = \frac{1}{\sqrt{2}\sigma} \tag{4-17}$$

若误差按函数关系分布，则称为正态分布。σ 越小，测量精度越高，分布曲线的峰越高且窄；σ 越大，分布曲线越平坦且越宽，如图 4-33 所示。由此可知，σ 越小，小误差占的比重越大，测量精度越高。反之，则大误差占的比重越大，测量精度越低。

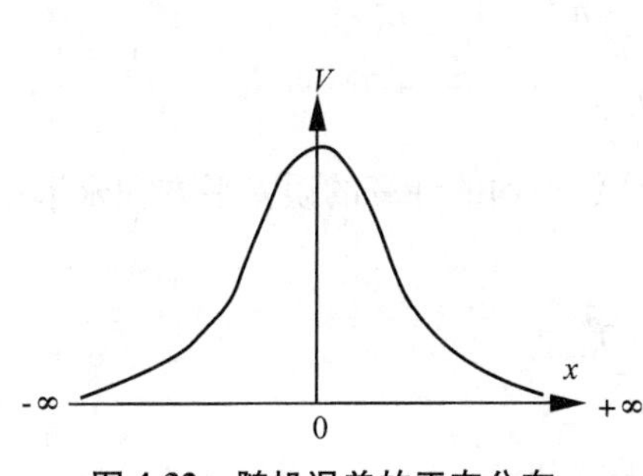

图 4-32 随机误差的正态分布

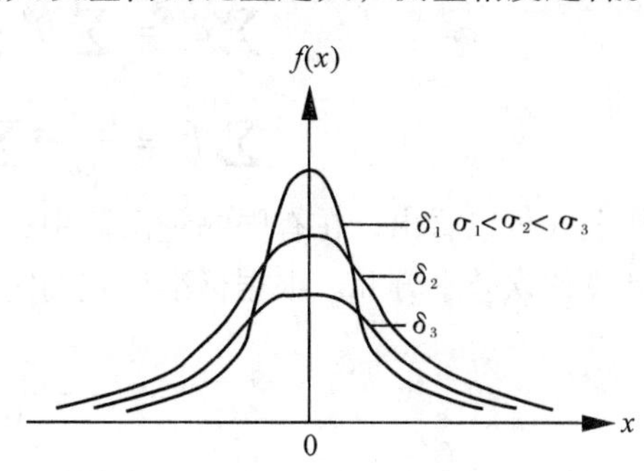

图 4-33 不同 σ 的误差正态分布曲线

由误差基本概念知，误差是测量值和真值之差。在没有系统误差存在的情况下，以无限多次测量所得到的算术平均值为真值。当测量次数为有限时，所得到的算术平均值近似于真值，称为最佳值。因此，观测值与真值之差不同于观测值与最佳值之差。

令真值为 A，计算平均值为 a，观测值为 M，并令 $d = M - a$，$D = M - A$，则：

$$d_1 = M_1 - a, \qquad D_1 = M_1 - A$$

$$d_2 = M_2 - a, \qquad D_2 = M_2 - A$$

$$d_n = M_n - a, \qquad D_n = M_n - A$$

$$\sum d_i = \sum M_i - na \qquad \sum D_i = \sum M_i - nA$$

因为 $\sum M_i - na = 0$，$\sum M_i = na$，代入 $\sum D_i = \sum M_i - nA$ 中，即得：

$$a = A + \frac{\sum D_i}{n} \tag{4-18}$$

将式(4-18)代入 $d_i = M_i - A$ 中得：

$$d_i = (M_i - A) - \frac{\sum D_i}{n} = D_i - \frac{\sum D_i}{n} \tag{4-19}$$

将式(4-19)两边各平方得：

$$d_1^2 = D_1^2 - 2D_1\frac{\sum D_i}{n} + \left(\frac{\sum D_i}{n}\right)^2$$

$$d_2^2 = D_2^2 - 2D_2\frac{\sum D_i}{n} + \left(\frac{\sum D_i}{n}\right)^2$$

$$d_n^2 = D_n^2 - 2D_n\frac{\sum D_i}{n} + \left(\frac{\sum D_i}{n}\right)^2$$

对 i 求和：

$$\sum d_i^2 = \sum D_i^2 - 2\frac{\left(\sum D_i\right)^2}{n} + n\left(\frac{\sum D_i}{n}\right)^2$$

因在测量中正负误差出现的机会相等，故将 $\left(\sum D_i\right)^2$ 展开后，D_1、D_2、D_3、…、D_i 为正为负的数目相等，彼此相消，故得：

$$\sum d_i^2 = \sum D_i^2 - 2\frac{\sum D_i^2}{n} + n\frac{\sum D_i^2}{n^2}$$

$$\sum d_i^2 = \frac{n-1}{n}\sum D_i^2$$

从上式可以看出，在有限测量次数中，自算数平均值计算的误差平方和永远小于自真值计算的误差平方和。根据标准误差的定义

$$\sigma = \sqrt{\frac{\sum D_i^2}{n}}$$

式中　$\sum D_i^2$ ——观测次数为无限多时误差的平方和。

故当观测次数有限时：

$$\sigma = \sqrt{\frac{\sum d_i^2}{n-1}} \tag{4-20}$$

（六）实验误差的估算和分析

1. 一次测量值的误差估算

如果在实验中，由于条件不许可或要求不高等原因，对一个物理量的直接测量只进行一次，这时可以根据具体的实际情况，对测量值的误差进行合理的估计。

给出准确度等级类的仪表（如电工仪表、转子流量计等）的一次测量值的误差估算如下。

（1）准确度的表示方法　这些仪表的准确度常采用仪表的最大引用误差和准确度等级来表示。

仪表的最大引用误差的定义为：

$$最大引用误差 = \frac{仪表示值的绝对误差值}{该仪表相应档次量程的绝对值} \times 100\% \tag{4-21}$$

式(4-21)中仪表示值的绝对误差值是指在规定的正常情况下，被测参数的测量值与被测参数的标准值之差的绝对值的最大值。对于多档仪表，不同档次示值的绝对误差和量程范围均不相同。

式(4-21)表明，若仪表示值的绝对误差相同，则量程范同越大，最大引用误差越小。

我国电工仪表的准确度等级有7种：0.1、0.2、0.5、1.0、1.5、2.5、5.0。一般来说，如果仪表的准确度等级为p级，则说明该仪表最大引用误差不会超过$p\%$，而不能认为它在各刻度点上的示值误差都具有$p\%$的准确度。

（2）测量误差的估算　设仪表的准确度等级为p级，则最大引用误差为$p\%$。设仪表的量程范围为x_n，仪表的示值为x，则由式(4-23)得该示值的误差如下。

绝对误差：

$$d_x \leqslant x_n \times p\% \tag{4-22}$$

相对误差：

$$\delta_x = \frac{d_x}{x} \leqslant \frac{x_n}{x} \times p\% \tag{4-23}$$

式(4-22)和式(4-23)表明：

①若仪表的准确度等级p和量程范围x_n已固定，则测量的示值x越大，测量的相对误差越小。

②选用仪表时，不能盲目地追求仪表的准确度等级。因为测量的相对误差还与x_n | x有关。应该兼顾仪表的准确度等级和x_n | x。

不给出准确度等级类的仪表（如天平类等）的一次测量值的误差估算如下：

(1)准确度的表示方法　这些仪表的准确度用式(4-24)表示:

$$\text{仪表的准确度} = \frac{0.5 \times \text{名义分度值}}{\text{量程的范围}} \tag{4-24}$$

名义分度值是指测量仪表最小分度所代表的数值。如 TG－328A 型天平，其名义分度(感量)为0.1mg，测量范围为0～200g，则:

$$\text{准确度} = \frac{0.5 \times 0.1}{(200-0) \times 1\,000} = 2.5 \times 10^{-7}$$

若仪器的准确度已知，也可用式(4-24)求得其名义分度值。

(2)测量误差的估算　使用这类仪表时，测量值的误差可用式(4-25)和式(4-26)来确定。

绝对误差:

$$d_x = 0.5 \times \text{名义分度值} \tag{4-25}$$

相对误差:

$$\delta_x = \frac{0.5 \times \text{名义分度值}}{\text{测量值}} \tag{4-26}$$

从这两类仪表看，当测量值越接近于量程上限时，其测量准确度越高；测量值越远离量程上限时，其测量准确度越低。这就是为什么使用仪表时，尽可能在仪表满刻度值2/3以上量程内进行测量的缘由所在。

2. 多次测量值的误差估算

如果一个物理量的值是通过多次测量得出的，那么该测量值的误差可通过标准误差来估算。

设某一量重复测量了 n 次，各次测量值为 x_1，x_2，x_3，…，x_n，该组数据的平均值和标准误差可通过式(4-12)和式(4-13)计算。

3. 间接测量值的误差估算

间接测量值是由一些直接测量值按一定的函数关系计算而得，如雷诺数就是间接测量值，由于直接测量值有误差，因而使间接测量值也必然有误差。因此，间接测量值就是直接测量得到的各个测量值的函数。其测量误差是各个测量值误差的函数。由直接测量值的误差估算间接测量值的误差就涉及误差的传递问题。

在间接测量中，一般为多元函数，而多元函数可用式(4-27)表示:

$$y = f(x_1, x_2, \cdots, x_n) \tag{4-27}$$

式中　y——间接测量值;

x_i——直接测量值($i = 1 \sim n$)。

由泰勒级数展开得:

$$\Delta y = \frac{\partial f}{\partial x_1}\Delta x_1 + \frac{\partial f}{\partial x_2}\Delta x_2 + \cdots + \frac{\partial f}{\partial x_n}\Delta x_n \tag{4-28}$$

或

$$\Delta y = \sum_{i=1}^{n} \frac{\partial f}{\partial x_i}\Delta x_i$$

它的最大绝对误差为：

$$\Delta y = \left| \sum_{i=1}^{n} \frac{\partial f}{\partial x_i} \Delta x_i \right| \tag{4-29}$$

式中 $\frac{\partial f}{\partial x_i}$——误差传递系数；

Δx_i——直接测量值的误差；

Δy——间接测量值的最大绝对误差。

函数的相对误差 δ 为：

$$\delta = \frac{\Delta y}{y} = \frac{\partial f}{\partial x_1}\frac{\Delta x_1}{y} + \frac{\partial f}{\partial x_2}\frac{\Delta x_2}{y} + \cdots + \frac{\partial f}{\partial x_n}\frac{\Delta x_n}{y}$$

$$= \frac{\partial f}{\partial x_1}\delta_1 + \frac{\partial f}{\partial x_2}\delta_2 + \cdots + \frac{\partial f}{\partial x_n}\delta_n \tag{4-30}$$

某些函数误差的计算如下所示。

①函数 $y = x \pm z$ 的绝对误差和相对误差。

由于误差传递系数 $\frac{\partial f}{\partial x} = 1$，$\frac{\partial f}{\partial z} = \pm 1$，则函数最大绝对误差：

$$\Delta y = \pm (|\Delta x| + |\Delta z|) \tag{4-31}$$

相对误差：

$$\delta_r = \frac{\Delta y}{y} = \pm \frac{|\Delta x| + |\Delta z|}{x + z} \tag{4-32}$$

②函数形式为 $y = K\frac{xz}{w}$，x、z、w 为变量。

误差传递系数为：

$$\frac{\partial y}{\partial x} = \frac{Kz}{w}$$

$$\frac{\partial y}{\partial z} = \frac{Kx}{w}$$

$$\frac{\partial y}{\partial w} = -\frac{Kxz}{w^2}$$

函数的最大绝对误差为：

$$\Delta y = \left| \frac{Kz}{w}\Delta x \right| + \left| \frac{Kx}{w}\Delta z \right| + \left| \frac{Kxz}{w^2}\Delta w \right| \tag{4-33}$$

函数的最大相对误差为：

$$\delta_r = \frac{\Delta y}{y} = \left| \frac{\Delta x}{x} \right| + \left| \frac{\Delta z}{z} \right| + \left| \frac{\Delta w}{w} \right| \tag{4-34}$$

现将某些常用函数的最大绝对误差和相对误差列于表 4-1 中。

表 4-1 某些函数的误差传递公式

函数式	误差传递公式	
	最大绝对误差 Δy	最大相对误差 δ_r
$y = x_1 + x_2 + x_3$	$\Delta y = \pm(\lvert\Delta x_1\rvert + \lvert\Delta x_2\rvert + \lvert\Delta x_3\rvert)$	$\delta_r = \Delta y/y$
$y = x_1 + x_2$	$\Delta y = \pm(\lvert\Delta x_1\rvert + \lvert\Delta x_2\rvert)$	$\delta_r = \Delta y/y$
$y = x_1 x_2$	$\Delta y = \pm(\lvert x_1\Delta x_2\rvert + \lvert x_2\Delta x_1\rvert)$	$\delta_r = \pm\left(\left\lvert\frac{\Delta x_1}{x_1} + \frac{\Delta x_2}{x_2}\right\rvert\right)$
$y = x_1 x_2 x_3$	$\Delta y = \pm(\lvert x_1x_2\Delta x_3\rvert + \lvert x_1x_3\Delta x_2\rvert + \lvert x_2x_3\Delta x_1\rvert)$	$\delta_r = \pm\left(\left\lvert\frac{\Delta x_1}{x_1} + \frac{\Delta x_2}{x_2} + \frac{\Delta x_3}{x_3}\right\rvert\right)$
$y = x^n$	$\Delta y = \pm(nx^{n-1}\Delta x)$	$\delta_r = \pm\left(\left\lvert n\frac{\Delta x}{x}\right\rvert\right)$
$y = \sqrt[n]{x}$	$\Delta y = \pm\left(\frac{1}{n}x^{\frac{1}{n}-1}\Delta x\right)$	$\delta_r = \pm\left(\frac{1}{n} \times \left\lvert\frac{\Delta x}{x}\right\rvert\right)$
$y = x_1/x_2$	$\Delta y = \pm\left(\frac{x_2\Delta x_1 + x_1\Delta x_2}{x_2^2}\right)$	$\delta_r = \pm\left(\left\lvert\frac{\Delta x_1}{x_1} + \frac{\Delta x_2}{x_2}\right\rvert\right)$
$y = cx$	$\Delta y = \pm\lvert c\Delta x\rvert$	$\delta_r = \pm\left(\left\lvert\frac{\Delta x}{x}\right\rvert\right)$
$y = \lg x$	$\Delta y = \pm\left\lvert 0.434\,3\frac{\Delta x}{x}\right\rvert$	$\delta_r = \Delta y/y$
$y = \ln x$	$\Delta y = \pm\left\lvert\frac{\Delta x}{x}\right\rvert$	$\delta_r = \Delta y/y$

(七)实验误差的消除

1. 系统误差的消除

在测量中，任一误差通常是随机误差和系统误差的组合，而随机误差的数学处理和估计是以测量得到的数据不含系统误差为前提的，如前面提到的以平均值接近真值的概念也是如此。所以，不研究系统误差的规律性，不消除系统误差对数据处理的影响，随机误差的估计就会丧失准确度，甚至变得毫无意义。

系统误差是一种恒定的或按一定规律(如线性、周期性、多项式等)变化的误差。它的出现虽然有其确定的规律性，但它常常隐藏在测量数据之中，纵然是多次重复测量，也不可能降低它对测量准确度的影响，这种潜在的危险，更要人们用一定的方法和判据，及时发现系统误差的存在，并设法加以消除，确保测量精度。因此，发现和消除系统误差在科研与实验工作中是异常重要的。

系统误差的简易判别准则如下。

(1)观察法　若对某物理量进行多次测量，得数据列 x_1，x_2，x_3，…，x_n，算出算术平均值及偏差，可用以下准则发现系统误差。

①准则一：将测得的数据按 x_i 递增的顺序依次排列，如偏差的符号在连续几个测量中均为负号，而在另几个连续测量中均为正号(或反之)，则测量中含有线性系统误差。如果中间有微小波动，则说明有随机误差的影响。

②准则二：将测得的数据按 x_i 递增的顺序依次排列，如发现偏差值的符号有规律地交替变化，则测量中有周期系统误差。若中间有微小波动，说明是随机误差的影响。

③准则三：如存在某条件时，测量数据偏差基本上保持相同符号，当不存在这一条件时(或出现新条件时)，偏差均变号，则该测量数列中含有随测量条件而变化的固定系统误差。

④准则四：按测定次序，测得数据列的前一半偏差之和与后一半偏差之和的差值显著不为零，则该测量结果含有线性系统误差。同样，如果所测得数据列改变条件前偏差之和与改变条件后偏差之和的差值显著不为零，则该数据列含随条件改变的固定系统误差。

(2)比较法

①实验对比法：实验中进行不同条件的测量，借以发现系统误差。这种方法适用于发现固定系统误差。

②数据比较法：若对某一物理量进行多组独立测量，将得到的结果算出各组的算术平均值 $\bar{x}_i$，和标准误差 σ_i，即有：

$$\bar{x}_1 \pm \sigma_1\ ;\ \bar{x}_2 \pm \sigma_2\ ;\ \cdots;\ \bar{x}_n \pm \sigma_n$$

则任两组间满足下列不等式：

$$|\bar{x}_i - \bar{x}_j| < 3\,(\sigma_i^2 + \sigma_j^2)^{0.5} \tag{4-35}$$

就认为该测量不存在系统误差。

应当指出，前面列举的方法是判别测量中有无系统误差可行的、简便的方法，如果要求判据准确和量化，可采用各类分布检验。

消除或减小系统误差的方法如下：

①根源消除法：从事实验或研究的人员在实验前对测量过程中可能产生系统误差的各个环节进行仔细分析，从产生系统误差的根源上消除，这是最根本的方法，如确定最佳的测试方法，合理选用仪器仪表，并正确调整好仪器的工作状态或参数等。

②修正消除法：先设法将测量器具的系统误差鉴定或计算出来，做出误差表或曲线，然后取与误差数值大小相同、符号相反的值作为修正值，将实际测得值加上相应的修正值，就可以得到不包含系统误差的测量结果。因为修正值本身也含有一定误差，因此这种方法不可能将全部系统误差消除掉。

③代替消除法：在测量装置上对未知量测量后，立即用一个标准量代替未知量，再次进行测量，从而求出未知量与标准量的差值，即有：

未知量 = 标准量 ± 差值

这样可以消除测量装置带入的固定系统误差。

④异号消除法：对被测目标采用正反两个方向进行测量，如果读出的系统误差大小

相等，符号相反时，取两次测量值的平均值作为测量结果，就可消除系统误差。这种方法适用于某些定值系统对测量结果影响带有方向性的测量中。

⑤交换消除法：根据误差产生的原因，将某些条件交换，可消除固定系统误差。

⑥对称消除法：在测量时，若选定某点为中心测量值，并对该点以外的测量点作对称安排，则对称于此点的各对系统误差的算术平均值必相等。根据这一性质，用对称测量可以很有效地消除线性系统误差。因此，对称测量具有广泛的应用范围，但须注意，相邻两次测量之间的时间间隔应相等，否则会失去对称性。

⑦半周期消除法：对于周期性误差，可以相隔半个周期进行一次测量，然后以两次读数的算术平均值作为测量值，即可以有效地消除周期性系统误差。例如，指针式仪表，若刻度盘偏心所引出的误差，可采用相隔180°的一对或几对的指针标出的读数取平均值加以消除。

⑧回归消除法：在实验或科研中，估计某一因数是产生系统误差的根源，但又制作不出简单的修正表，也找不到被测值(因变量)与影响因素(自变量)的函数关系，此时也可借助回归分析法对该因素所造成的系统误差进行修正。

实际上，在实验和科研试验中，不管采用哪一种消除系统误差的方法，只能做到将系统误差减弱到某种程度，使它对测量结果的影响小到可以忽略不计。那么残余影响小到什么程度才可以忽略不计呢？应该有一个判别的准则。为此，对测量尚有影响的系统误差称为微小系统误差。

若某一项微小系统误差或某几项的微小系统误差的代数和的绝对误差，不超过测量总绝对误差的最后一位有效数字的1/2，按有效数字位舍入原则，就可以把它舍弃。

2. 过失误差的消除

当着手整理实验数据时，还必须解决一个重要问题，那就是数据的取舍问题。在整理实验研究结果时，往往会遇到这种情况，即在一组很好的实验数据里，发现少数几个偏差特别大的数据。若保留它，会降低实验的准确度。但要舍去它必须慎重，有时实测中出现的异常点，常是新发现的源头。对于此类数据的保留与舍弃，其逻辑根据在于随机误差理论的应用，需用比较客观的可靠判据作为依据。判别粗大误差常用的准则有以下几个。

(1) 3σ 准则　该准则又称拉依达准则。它是常用的也是判别粗大误差最简单的准则。但它是以测量次数充分多为前提的，在一般情况下，测量次数都比较少，因此，3σ 准则只能是一个近似准则。

对于某个测量列 x_i（$i = 1 \sim n$），若各测量值 x_i 只含有随机误差，根据随机误差正态分布规律，其偏差 d_i 落在 $\pm 3\sigma$ 以外的概率约为0.3%。如果在测量列中发现某测量值的偏差大于3σ，则可认为它含有过失误差，应该剔除。

当使用拉依达的3σ 准则时，允许一次将偏差大于3σ 的所有数据剔除，然后，再将剩余各个数据重新计算 σ，并再次用3σ 判据继续剔除超差数据。

拉依达的3σ 准则偏于保守。在测量次数 n 较少时，过失误差出现的次数极少。由于测量次数 n 不大，过失误差在求方差平均值过程中将会是举足轻重的，会使标准差估值显著增大。也就是说，在此情况下，有个别过失误差也不一定能判断出来。

(2) t 检验准则　由数学统计理论已证明，在测量次数较少时，随机变量服从 t 分布，即 $t = (\bar{x} - \alpha)\sqrt{n}/\sigma$ 。t 分布不仅与测量值有关还与测量次数 n 有关，当 $n > 10$ 时 t 分布就很接近正态分布了。所以，当测量次数较少时，依据 t 分布原理的 t 检验准则来判别过失误差较为合理。t 检验准则的特点是先剔除一个可疑的测量值，而后再按 t 分布检验准则确定该测量值是否应该被删除。

设对某物理量做多次测量，得测量列 x_i ($i = 1 \sim n$)，若认为其中测量值 x_j 为可疑数据，将它剔除后计算平均值和标准误差(计算时不包括 x_j)。

根据测量次数 n 和选取的显著性水平 α ，即可由表4-2 中查得 t 检验系数，若

$$|\bar{x}_i - \bar{x}_j| > K(n,\alpha) \times \sigma \tag{4-36}$$

则认为测量值 x_j 含有过失误差，剔除 x_j 是正确的，否则，就认为 x_j 不含有过失误差，应当保留。

表4-2　t 检验系数 $K(n, \alpha)$ 表

n	显著性水平 α		n	显著性水平 α		n	显著性水平 α	
	0.05	0.01		0.05	0.01		0.05	0.01
	$K(n, \alpha)$			$K(n, \alpha)$			$K(n, \alpha)$	
4	4.97	11.46	13	2.29	3.23	22	2.14	2.91
5	3.56	6.53	14	2.26	3.17	23	2.13	2.90
6	3.04	5.04	15	2.24	3.12	24	2.12	2.88
7	2.78	4.36	16	2.22	3.08	25	2.11	2.86
8	2.62	3.96	17	2.20	3.04	26	2.10	2.85
9	2.51	3.71	18	2.18	3.01	27	2.10	2.84
10	2.43	3.54	19	2.17	3.00	28	2.09	2.83
11	2.37	3.41	20	2.16	2.95	29	2.09	2.82
12	2.33	3.31	21	2.15	2.93	30	2.08	2.81

(3)格拉布斯(Grubbs)准则　设对某量做多次独立测量，得一组测量列 x_i ($i = 1 \sim n$)，当 x_i 服从正态分布时，计算可得

$$\bar{x} = \frac{1}{n}\sum_{i=1}^{n} x_i$$

$$\sigma = \sqrt{\frac{1}{n-1}\sum_{i=1}^{n} (x_i - \bar{x})^2}$$

为了检验数列 x_i ($i = 1 \sim n$)中是否存在过失误差，将 x_i 按大小顺序排列成顺序统计量，即

$$x_1 \leqslant x_2 \leqslant \cdots \leqslant x_n$$

若认为 x_n 可疑，则有：

$$g_n = \frac{x_n - \bar{x}}{\sigma} \tag{4-37}$$

若认为 x_1 可疑，则有：

$$g_1 = \frac{x_1 - \bar{x}}{\sigma} \tag{4-38}$$

取显著性水平 α =0.05、0.025、0.01，可得表4-3 的格拉布斯判据的临界值 $g_0(n,\alpha)$。

在取定显著水平 α 后，若随机变量 g_n 和 g_1 大于或者等于该随机变量临界值 $g_0(n,\alpha)$ 时，即 $g_1 \geqslant g_0(n,\alpha)$，即判别该测量值含粗大误差，应当剔除。

在上面介绍的准则中，3σ 准则适用于测量次数较多的数列。一般情况下，测量次数都比较少，因此用此方法判别，其可靠性不高，但由于它使用简便，又不需要查表，故在要求不高时，还是经常使用。对测量次数较少而要求又较高的数列，应采用 t 检验准则或格拉布斯准则。当测量次数很少时，可采用 t 检验准则。

按前面介绍的判别准则，若判别出测量数列中有两个以上测量值含有粗大误差时，只能首先剔除含有最大误差的测量值，然后重新计算测量数列的算术平均值及其标准差，再对剩余的测量值进行判别，依此程序逐步剔除，直至所有测量值都不再含有粗大误差时为止。

上面介绍的判别粗大误差的三个准则，除 3σ 准则外，都涉及选显著水平 α 值。如果把 α 值选小了，把不是过失误差判为过失误差的错误概率固然是小了，但反过来把确实混入的粗大误差判为不是粗大误差的错误概率却增大了，这显然也是不允许的。

表 4-3　格拉布斯判据表

n	显著性水平 α			n	显著性水平 α		
	0.05	0.025	0.01		0.05	0.025	0.01
	$g_0(n,\alpha)$				$g_0(n,\alpha)$		
3	1.15	1.15	1.15	20	2.56	2.71	2.88
4	1.46	1.48	1.49	21	2.58	2.73	2.91
5	1.67	1.71	1.75	22	2.60	2.76	2.94
6	1.82	1.89	1.94	23	2.62	2.78	2.96
7	1.94	2.02	2.10	24	2.64	2.80	2.99
8	2.03	2.13	2.22	25	2.66	2.82	3.01
9	2.11	2.21	2.32	30	2.75	2.91	3.10
10	2.18	2.29	2.41	35	2.82	2.98	3.18
11	2.23	2.36	2.48	40	2.87	3.04	3.24
12	2.29	2.41	2.55	45	2.92	3.09	3.29
13	2.33	2.46	2.61	50	2.96	3.13	3.34
14	2.37	2.51	2.66	60	3.03	3.20	3.39
15	2.41	2.55	2.71	70	3.09	3.26	3.44
16	2.44	2.59	2.75	80	3.14	3.31	3.49
17	2.47	2.62	2.79	90	3.18	3.35	3.54
18	2.50	2.65	2.82	100	3.21	3.38	3.59
19	2.53	2.68	2.86				

二、实验数据的有效数字

在科学与工程中，测量或计算结果总是以一定位数的数字来表示。不是说一个数值中小数点后面位数越多越准确。实验中从测量仪表上所读数值的位数是有限的，这取决于测量仪表的精度，其最后一位数字往往是仪表精度所决定的估计数字。即一般应读到测量仪表最小刻度的1/10位。数值准确度大小由有效数字位数来决定。

1. 有效数字

在实验中无论是直接测量的数据或是计算结果，到底用几位有效数字加以表示，这是一项很重要的事。数据中小数点的位置在前或在后仅与所用的测量单位有关。例如652.5mm，65.25cm，0.652 5m这三个数据，其准确度相同，但小数点的位置不同。另外，在实验测量中所使用的仪器仪表只能达到一定的准确度，因此，测量或计算的结果不可能也不应该超越仪器仪表所允许的准确度范围，如上述的长度测量中，若标尺的最小分度为1mm，其读数可以读到0.1mm(估计值)，故数据的有效数字是四位。

实验数据(包括计算结果)的准确度取决于有效数字的位数，而有效数字的位数又由仪器仪表的准确度来决定。换言之，实验数据的有效数字位数必须反映仪表的准确度和存在疑问的数字位置。

在判别一个已知数有几位有效数字时，应注意非零数字前面的零不是有效数字，如长度为0.007 18m，前面的三个零不是有效数字，它与所用单位有关，若用mm为单位，则为7.18mm，其有效数字为三位。非零数字后面用于定位的零也不一定是有效数字。如1 010是四位还是三位有效数字，取决于最后面的零是否用于定位。为了明确地读出有效数字位数，应该用科学记数法，写成一个小数与相应的10的幂的乘积。若1 010的有效数字为四位，则可写成1.010×10^3。有效数字为三位的数360 000可写成3.60×10^5，0.000 388可写成3.88×10^{-4}。这种记数法的特点是小数点前面永远是一位非零数字，“×”乘号前面的数字都为有效数字。

2. 有效数字舍入规则

对于位数很多的近似数，当有效位数确定后，应将多余的数字舍去。当有效数字位数确定后，其余数字一律舍弃。舍弃办法是四舍六入，即末位有效数字后边第一位小于5，则舍弃不计；大于5则在前一位数上增1；等于5时，前一位为奇数，则进1为偶数，前一位为偶数，则舍弃不计。这种舍入原则可简述为：“小则舍，大则入，正好等于奇变偶”。如保留4位有效数字。

$$3.827\ 29\rightarrow3.827$$

$$5.342\ 85\rightarrow5.343$$

$$7.623\ 57\rightarrow7.624$$

$$9.576\ 56\rightarrow9.576$$

3. 有效数字的计算规则

①在加减计算中，各数所保留的位数，应与各数中小数点后位数最少的相同。例如将24.65、0.008 2、1.632三个数字相加时，应写为$24.65+0.01+1.63=26.29$。

②在乘除运算中，各数所保留的位数，以各数中有效数字位数最少的那个数为准；其结果的有效数字位数也应与原来各数中有效数字最少的那个数相同。例如0.012 1×25.64×1.057 82应写成0.012 1×25.64×1.06=0.328。上例说明，虽然这三个数的乘积为0.328 182 3，但只应取其积为0.328。

③在对数计算中，所取对数位数应与真数有效数字位数相同。

三、实验数据处理

实验数据处理是整个实验研究过程中的一个重要环节。通常，实验的结果最初是以数据的形式表达的，实验数据处理就是将获得的数据去伪存真、去粗取精后，最终使人们清楚地了解各变量之间的定量关系，以便进一步分析实验现象，提出新的研究方案或得出规律，指导生产与设计。

实验数据的处理方法一般可分为列表法、图示法和数学模型法，以下将各种方法作简单介绍。

(一)列表法

列表法就是将实验数据列成表格表示，通常是整理数据的第一步，为标绘曲线图或整理成数学公式打下基础。

实验数据表一般分为两大类：原始记录数据表和整理计算数据表。

原始记录数据表必须在实验前设计好，以清楚地记录所有待测数据，如离心泵特性实验原始记录数据表的格式见表4-4。

表4-4　离心泵特性实验原始记录数据表

实验次序	p压力计 /(kgf·cm^{-2})	P真空计 /mmHg	压差计读数 /mmHg	瓦特计读数 /W	转数 /(r·min^{-1})
1					
2					
3					
4					
5					
6					
7					
8					
9					
10					

整理计算数据表应简明扼要，只表达主要物理量(参变量)的计算结果，有时还可以列出实验结果的最终表达式，如离心泵特性实验整理计算数据表的格式见表4-5。

表 4-5 离心泵特性实验整理计算数据表

实验次数	Q /$(m^3 \cdot s^{-1})$	H压力计 /m	H真空计 /m	$\Delta U^2/2g$ /m	H /m	有效功率 /kW	输入功率 /kW	总效率 $\eta_{总}$/%
1								
2								
3								
4								
5								
6								
7								
8								
9								
10								

拟定实验数据表应注意的事项如下：

①数据表的表头要列出物理量的名称、符号和单位。单位不宜混在数字之中，造成分辨不清。

②要注意有效数字位数，即记录的数字应与测量仪表的准确度相匹配，不可过多或过少。

③物理量的数值较大或较小时，要用科学记数法来表示。以“物理量的符号$\times 10^{\pm n}$/单位”的形式，将$10^{\pm n}$记入表头，注意：表头中的$10^{\pm n}$与表中的数据应服从下式：

$$物理量的实际值 \times 10^{\pm n} = 表中数据$$

④为便于排版和引用，每一个数据表都应在表的上方写明表号和表题(表名)。表格应按出现的顺序编号。表格的出现，在正文中应有所交代，同一个表尽量不跨页，必须跨页时，在此页上须注上“续表”。

⑤数据表格要正规，数据一定要书写清楚整齐，不得潦草。修改时宜用单线将错误的划掉，将正确的写在下面。各种实验条件及做记录者的姓名可作为“表注”，写在表的下方。

(二)图示法

图示法就是将离散的实验数据标绘在坐标纸上，用“圆滑”的方法将各数据点用直线或曲线连接起来，从而直观地反映因变量和自变量之间的关系。它的优点是直观清晰，便于比较，容易看出数据中的极值点、转折点、周期性、变化率以及其他特性。准确的图形还可以在不知数学表达式的情况下进行微积分运算，因此得到广泛的应用。

应用图示法时经常遇到的问题是如何选择适当的坐标系和合理地确定坐标分度。

1. 坐标系的选择

在食品工程原理实验数据的处理中，经常用到的坐标系有直角坐标系、对数坐标系和半对数坐标系。学生可采用相对应的坐标纸或采用计算机绘图软件选择相对应的坐标进行绘制。

坐标纸的选择一般是根据变量数据的关系或预测的变量函数形式来确定，其原则是尽量使变量数据的函数关系接近直线，便于拟合处理。

(1)直线关系　变量间的函数关系为 $y = ax + b$，选用直角坐标纸。

(2)指数函数关系　变量间的函数关系为 $y = a^{bx}$，选用半对数坐标纸，因为 $\lg y$ 与 x 呈直线关系。

(3)幂函数关系　变量间的函数关系为 $y = ax^b$，选用对数坐标纸，因为 $\lg y$ 与 $\lg x$ 呈直线关系。

另外，若自变量和因变量两者均在较大数量级变化，可采用对数坐标。其中任何一个变量的变化范围比另一个变量的变化范围大若干个数量级，宜采用半对数坐标。

以下述一组数据为例，在各种坐标系下的示意图，其中图 4-34 为直角坐标系，图 4-35 为半对数坐标系，图 4-36 为对数坐标系。

x =10，20，40，60，80，100，1 000，2 000，3 000，4 000

y =2，14，40，60，80，100，166，181，188，200

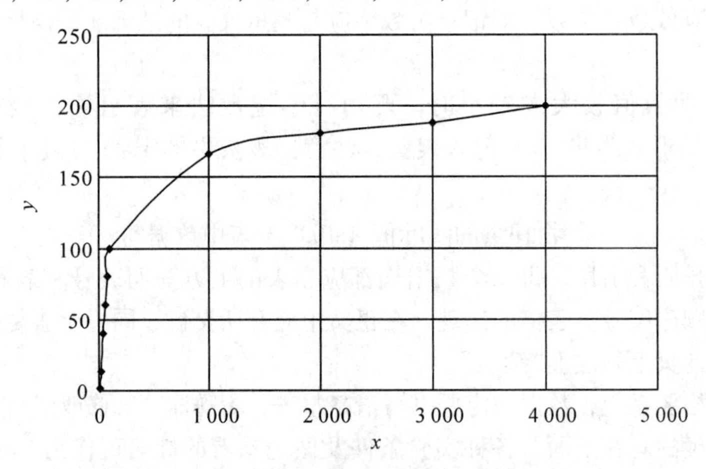

图 4-34　直角坐标系示意图

在 x 的数值等于 10、20、40、60、80 时，曲线开始部分的点(图 4-34)，在直角坐标系上作图几乎不可能描出数据，而采用半对数或对数坐标系则可以得到比较清楚的曲线。从曲线关系来看，以对数坐标系最为清晰(图 4-35 和图 4-36)。

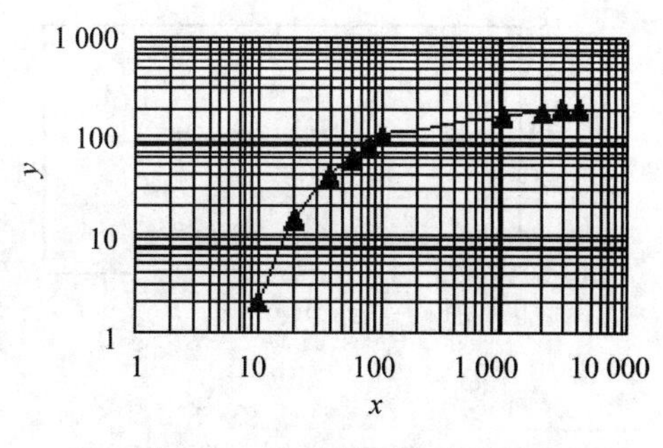

图 4-35　半对数坐标系示意图

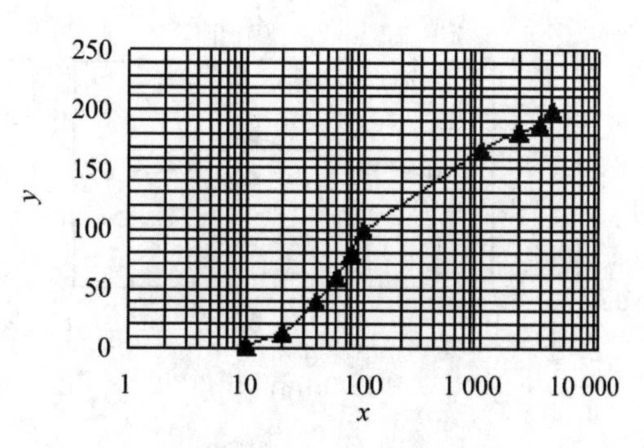

图 4-36　对数坐标系示意图

2. 坐标的分度

坐标分度是指每条坐标轴所能代表的物理量的大小，即坐标轴的比例尺。如果选择不当，那么根据同组实验数据作出的图形就会失真而导致错误的结论。

对于以下数据，用不同的坐标比例尺标绘，曲线形状如图 4-37 所示：

x =1.0，2.0，3.0，4.0，5.0，6.0

y =8.0，8.1，8.2，8.3，8.1，8.0

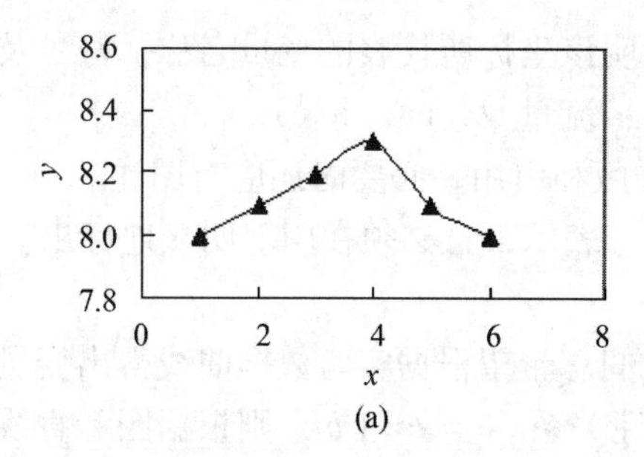

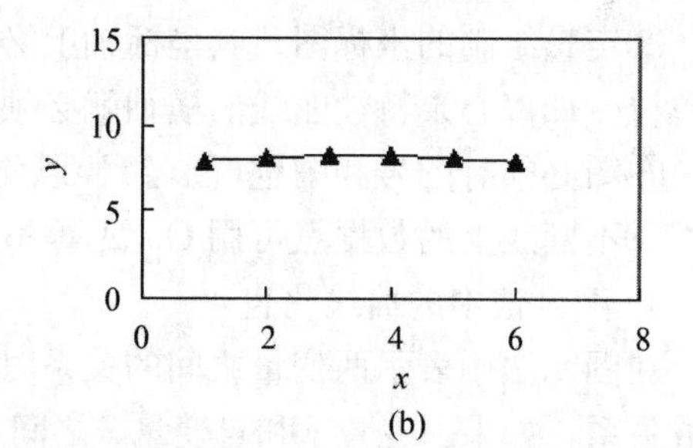

图 4-37　坐标比例尺对图形的影响

由图 4-37 可以看出，用不同比例尺标绘，标绘出的曲线形状完全不同。如果只看曲线的变化趋势，就会得到两种不的结论。从图 4-37(a)可以看出，x 对 y 有明显的影响，在 x =4.0 时，y 有最大值，而从图 4-37(b)可以看出，x 对 y 没有影响。

从数学上讲，变量间的函数关系仅取决于自变量和因变量的数值，而与坐标的比例大小没有任何关系。在数据处理中之所以出现以上困惑，是由于坐标比例选择不当所致。

坐标分度正确的确定方法如下：

①在已知 x 和 y 的测量误差分别为 Δx 和 Δy 的条件下，比例尺的取法通常使 $2\Delta x$ 和 $2\Delta y$ 构成的矩形近似为正方形。

若 Δx 和 Δy 分别是 0.05、0.04 时，上述实验数据的结果如图 4-38(a)所示，若 Δx 和 Δy 分别是 0.05、0.2 时，上述实验数据的结果如图 4-38(b)所示。

②若测量数据的误差不知道，那么坐标轴的分度应与实验数据的有效数字位数相匹

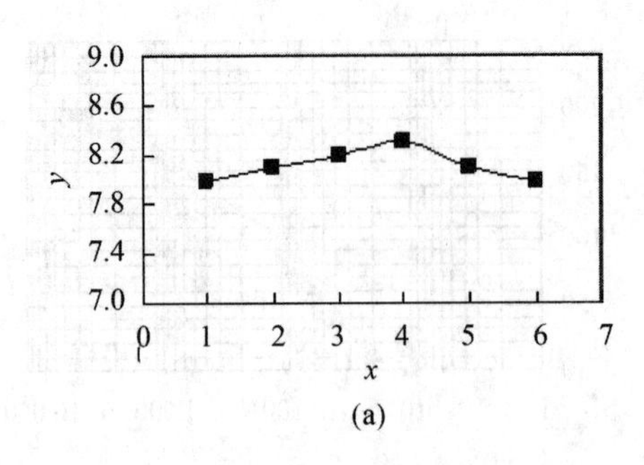

(a)

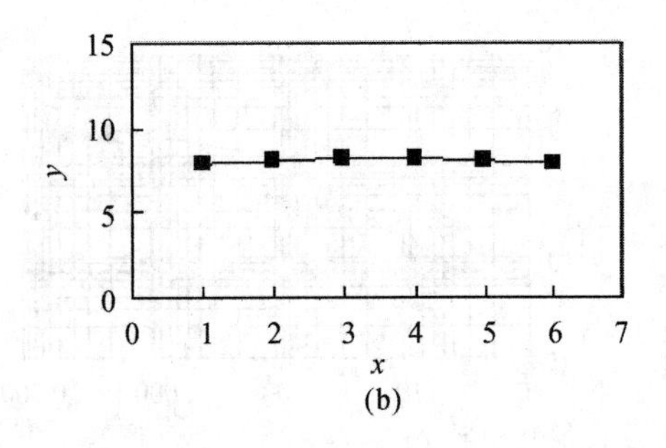

(b)

图 4-38 实验结果示意图

(a) Δx 和 Δy 分别是 0.05、0.04 (b) Δx 和 Δy 分别是 0.05、0.2

配，即实验曲线的坐标读数的有效数字位数与实验数据的位数相同。

绘图中其他需要注意的事项如下：

①图线光滑：利用曲线板等工具将各离散点连接成光滑曲线，并使曲线尽可能通过较多的实验点，或者使曲线以外的点尽可能位于曲线附近，并使曲线两侧的点数大致相等。

②定量绘制的坐标图，其坐标轴上必须标明该坐标所代表的变量名称、符号及所用的单位。如离心泵特性曲线的横轴就必须标上：流量 $Q/(m^3 \cdot h^{-1})$。

③图必须有图号和图题(图名)，以便于排版和引用，必要时还应有图注。

④不同线上的数据点可用 O 、Δ 等不同符号表示，且必须在图上明显地标出。

3. 图示法中的曲线化直

在图示法中表示两变量之间的关系时，人们总希望根据实验数据曲线得出变量间的函数关系。如果因变量 y 和自变量 x 之间呈线性关系：$y = ax + b$，则根据图示直线的截距和斜率，求得 b 和 a，即可确定 y 和 x 之间的直线函数方程。

但实验中大多数的函数关系并不是直线关系，此时可采用曲线化直的方法处理。所谓曲线化直，就是通过变量的代换，将其他复杂的函数关系转为直线关系。常见函数的典型图形及线性化方法列于表 4-6 中。

四、数学模型法

数学模型法又称为公式法或函数法，即用一个或一组函数方程式来描述过程变量之间的关系。就数学模型而言，可以是纯经验的，也可以是半经验的或是理论的。选择模型的好坏取决于研究者的理论基础和工程经验。无论是经验模型还是理论模型，都会包含一个或多个待求参数，采用合适的数学方法，对函数模型的参数估值并确定参数的可靠程度，是数据处理中的重要内容。

1. 数学模型的类型

(1)经验模型　在化工研究过程中大量使用经验模型，这些经验模型是通过大量的工程数据统计和拟合而成，以下是几种常用的方程形式。

表 4-6 化工中常见的曲线与函数式之间的关系(摘自《化工数据处理》)

序号	图形	函数及线性化方法
1	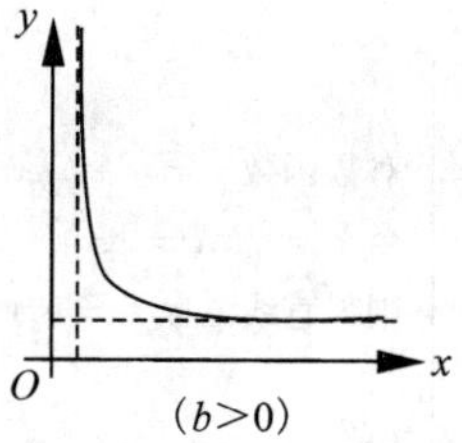 ($b>0$) 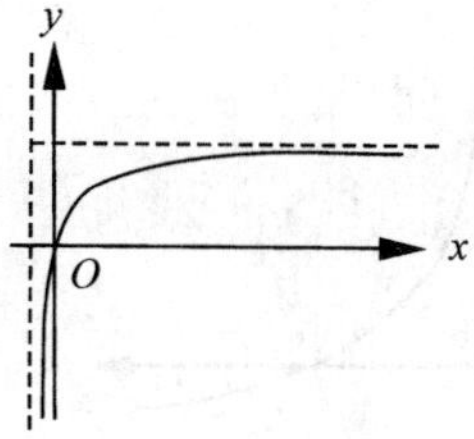 ($b<0$)	双曲线函数 $y=\frac{x}{ax+b}$ 令 $Y=\frac{1}{y}$, $X=e^{-x}$ 则得直线方程 $Y=a+bX$
2	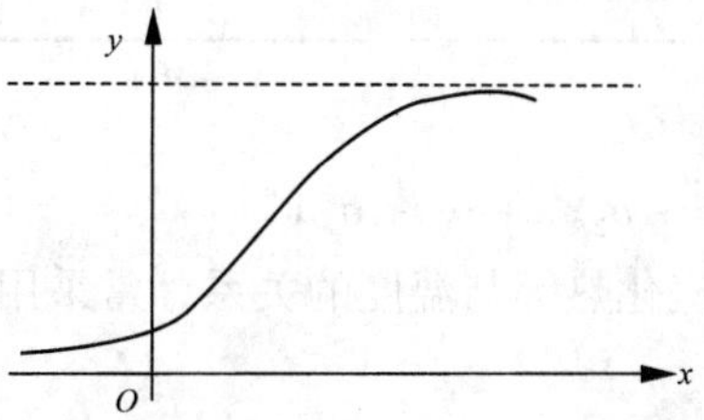	S 形曲线 $y=\frac{1}{a+be^{-x}}$ 令 $Y=\frac{1}{y}$, $X=e^{-x}$ 则得直线方程 $Y=a+bX$
3	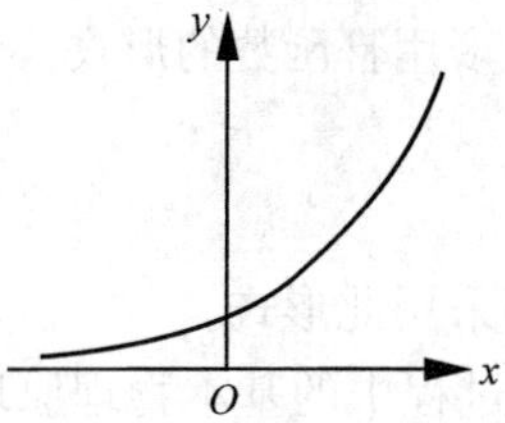 ($b<0$) ($b>0$) 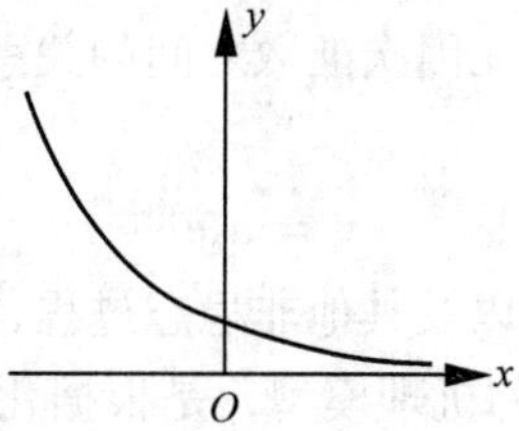	指数函数 $y=ae^{bx}$ 令 $Y=\lg y$, $X=x$, $k=b\lg e$ 则得直线方程 $Y=\lg a+kX$
4	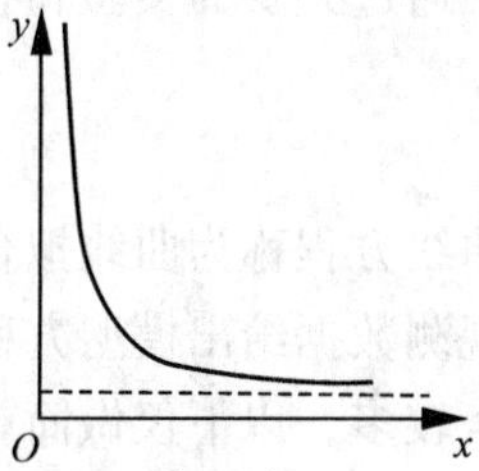 ($b>0$) 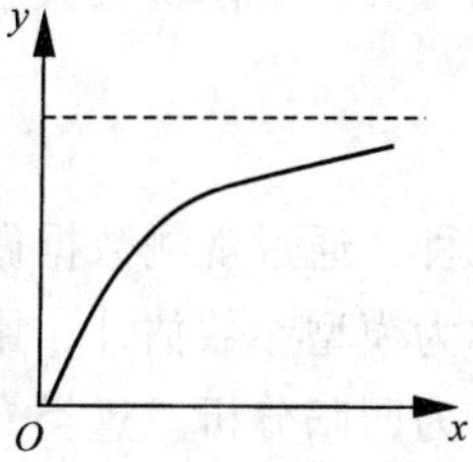 ($b<0$)	指数函数 $y=ae^{\frac{b}{x}}$ 令 $Y=\lg y$, $X=\frac{1}{x}$, $k=b\lg e$ 则得直线方程 $Y=\lg a+kX$
5	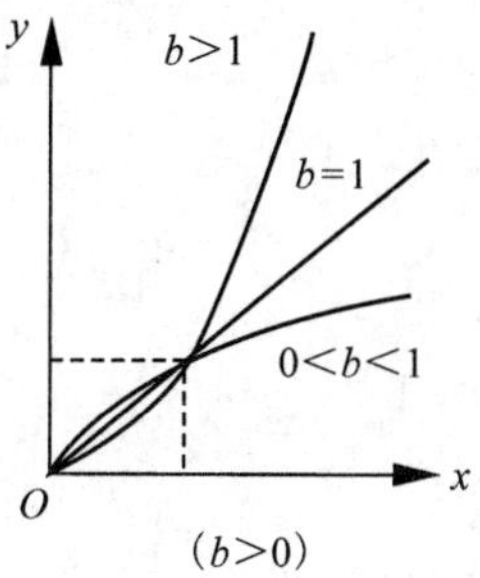 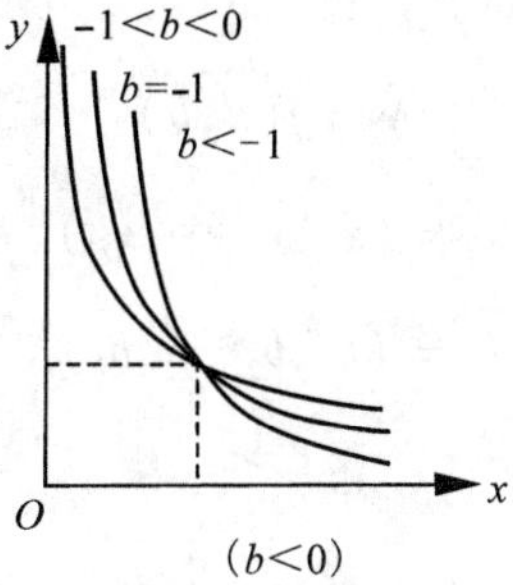 $b>1$, $b=1$, $0<b<1$ ($b>0$) $-1<b<0$, $b=-1$, $b<-1$ ($b<0$)	幂函数 $y=ax^b$ 令 $Y=\lg y$, $X=\lg x$ 则得直线方程 $Y=\lg a+bX$

（续）

序号	图 形	函数及线性化方法
6	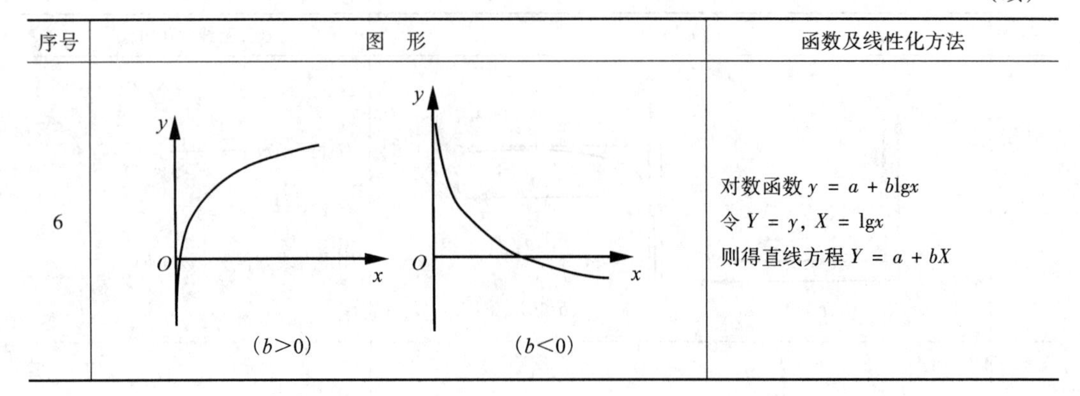 (b>0) (b<0)	对数函数 $y = a + b\lg x$ 令 $Y = y$, $X = \lg x$ 则得直线方程 $Y = a + bX$

①多项式：其通式为

$$y = a_0 + a_1x + a_2x^2 + \cdots + a_mx^m$$

对于流体的物性，如热容、密度、汽化热等与温度的关系，常采用多项式的形式。

②幂函数：其通式为

$$y = a_0 + a_1x^{a_1} + a_2x^{a_2} + \cdots + a_mx^{a_m}$$

动量、热量或质量传递中的无因次准数之间的关系，多用幂函数的形式。

③指数函数：其通式为

$$y = a_0e^{bx}$$

化学反应、吸附、离子交换以及其他非稳态过程，多采用此形式。

(2)理论模型　理论模型又称机理模型，是根据化工过程中的基本物理原理推演而得的。过程变量之间的关系可用物料衡算、能量衡算、过程速率和相平衡四大法则来描述。过程中所有不确定因素的影响可归并于模型参数中，通过必要的实验和有效的数据对模型参数加以确定。

2. 模型参数的估值方法

模型参数的估值方法有如下几种：通过观测数据做曲线方程称为曲线拟合；用观测数据计算已知模型函数中的参数称为模型参数估计；用观测数据给出模型方程参数的最小二乘法估计值并进行统计检验称为回归分析。这类专著较多，以下仅做简单介绍。

(1)模型参数估值的目标函数　模型参数估值的目标函数一般根据最小二乘法原理构造。过程变量之间的函数关系如下。

$$y = f(\vec{x}, \vec{b}) \tag{4-39}$$

$$\vec{x} = (x_1, x_2, \cdots, x_m)^T \tag{4-40}$$

$$\vec{b} = (b_1, b_2, \cdots, b_k)^T \tag{4-41}$$

式中　x ——自变量；

b ——模型参数。

通常期望模型计数值与实验值之间的偏差最小，则目标函数为：

$$F = \sum_{i=1}^{n}(y_i - y^*) = \sum_{i=1}^{n}[f(\vec{x}_i, \vec{b}_i) - y_i^*]^2 = 最小 \tag{4-42}$$

这样在给定的实验数据 x_i，y_i 后，F 就成为与 $\vec{b}$ 有关的函数了。剩下的问题是采用有效的数学方法求得“最优”的 $\vec{b}$，使 F 最小。

(2)模型参数的估值方法　模型参数的估值在数学上是一个优化问题，根据模型方程的形式可以分为代数方程或微分方程参数估值；根据参数的多少可分为单参数或多参数估值。对于线性代数方程，可用线性回归方法求得模型参数；对于非线性代数方程，常用的方法有高斯－牛顿法(Gauss-Newton)、马尔夸特法(Marguartdt)、单纯形法(Sirnplex)等；对于微分方程，常用解析法、数值积分方法或数值微分法求解。

第三节　Origin 软件作图及数据处理

图表是显示和分析复杂数据的理想方式，因此高端图表工具是科学家和工程师们必备的软件。Originlab 公司的 Origin 软件(演示版可以从 http：//www. Originlab. com 下载)一直在科学作图和数据处理领域享有较高的声誉，现流行的 Origin 版本有 Origin5. 0、6. 0、6. 1、7. 0、7. 5 和 8. 0，Origin 主要包括数据分析和科学绘图两大类功能。

Origin 与 Microsoft Word、Excel 等一样，是一个多文档界面应用程序，它将用户的所有工作都保存在后缀为 OPJ 的项目文件(Project)中。保存项目文件时，各子窗口也随之一起存盘；另外，各子窗口也可以单独保存；以便别的项目文件调用。一个项目文件可以包括多个子窗口，可以是工作簿窗口(WorkBook)，在 Origin7. 5 版以前都是工作表窗口(WorkSheet)、Excel 工作簿窗口(Book)、图窗口(Graph)、函数图窗口(Function Graph)、矩阵窗口(Matrix)等。一个项目文件中的各窗口相互关联，可以实现数据实时更新，即如果工作表中的数据被改动之后，其变化能立即反映到其他各窗口，如绘图窗口中所绘数据点可以立即得到更新。

【例 4-3】对 $CaCO_3$悬浮液用板框过滤机进行恒压过滤实验，得到的结果如表 4-7 所示，作图求此压力下的过滤常数 K 和 q_e。

表 4-7　单位面积滤液量与过滤时间

单位面积滤液量 $q/(m^3 \cdot m^{-2})$	0. 01	0. 02	0. 03	0. 04	0. 05	0. 06
过滤时间 t/s	17. 5	40. 1	69. 2	103. 7	144. 2	186. 3
$(t/q)/(s \cdot m^2 \cdot m^{-3})$	1 750	2 005	2 307	2 592	2 884	3 105

解 $\frac{t}{q} = \frac{1}{k}q + \frac{2}{q}q_e$，将 $\frac{t}{q} - q$ 得一直线，读取直线的斜率和截距，从而求出过滤常数 K 和 q_e，具体步骤如下所述。

(1)启动 OriginPro 8. 0　在“开始”菜单单击 Origin 程序图标，即可启动 Origin。Origin 启动后，自动给出名称为 book 的工作表格，见图 4-39。

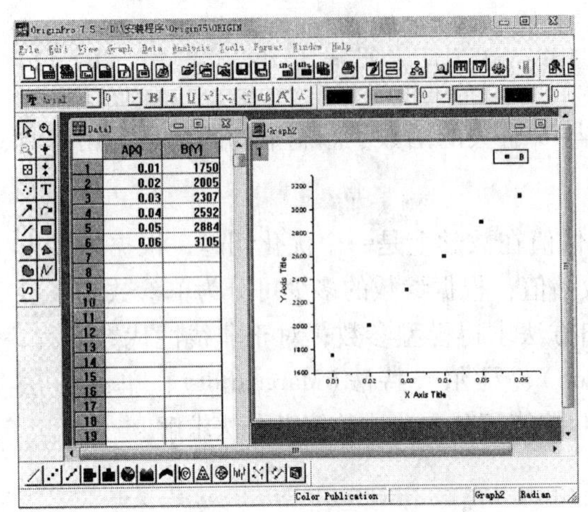

图 4-39　在 OriginPro 8.0 的工作窗口中输入数据作图

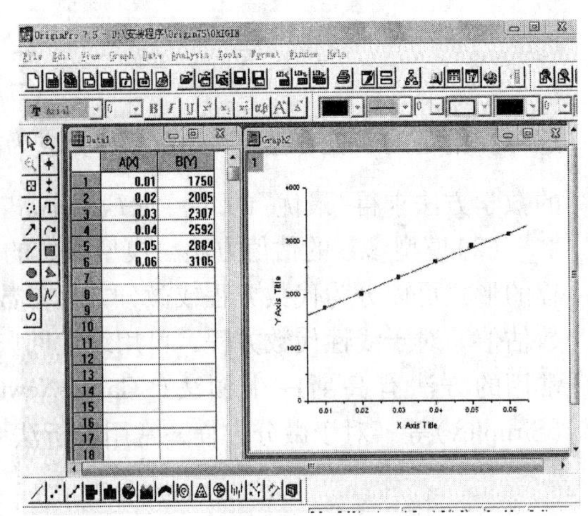

图 4-40　线性拟合结果及图形

(2)在工作簿 WorkBook 中输入数据　工作簿 WorkBook 最左边的一列为数据的组数，一般默认 A 和 B 列分别为 X 和 Y 数据。在 Book1 的 A(X)、B(Y)分别依序输入 q、t/q 的数据。

(3)使用数据绘图　用鼠标选中 A(X)、B(Y)两列数据，使用菜单 Plot(绘图)中的 Scatter 命令，或使工具栏 Scatter 按钮绘图。该图形上点的形状、颜色和大小、坐标轴的形式、数据范围等均可在相应内容所在位置处用鼠标左键双击后出现的窗体中进行调整，结果见图 4-40。

(4)回归分析　绘图后，选 Analysis(分析)菜单中的 Fitting \ Fit Linear(线性拟合)命令，结果见图 4-40。图 4-40 中曲线右下侧给出回归求出的参数值，包括拟合参数(斜率 $b=27\ 705$、截距 $a=1\ 471$)及各自的标准误差(Error)、相关系数 R 等。可算出 $K=3.61\times10^{-5}\ \mathrm{m^2\cdot s^{-1}}$，$q_e=0.026\mathrm{m^3\cdot m^{-2}}$。相关系数 R 反映了 x 和 y 的相关程度 $\left(R^2=\dfrac{\left(\sum x_iy_i-n\bar{x}\cdot\bar{y}\right)^2}{\left(\sum x_i^2-n\overline{x^2}\right)\left(\sum y_i^2-n\overline{y^2}\right)}\right)$，表示 x，y 之间符合关系式；R 的绝对值越接近 1，x 和 y 的相关程度越大。本题 $R^2=0.997\ 99$，说明拟合结果很好。

(5)文件保存和调用　Origin 可以将图形及数据保存为扩展名为“. OPJ”的文件，可以随时编辑和处理其中的数据和图形。所绘图形可以直接打印或拷贝粘贴到其他编辑软件(如 Word)中。

【例 4-4】对离心泵性能进行测试的实验中，得到转速 2 900r/min 下流量 q_v、压头 H、轴功率 P 和效率 η 的数据，如表 4-8 所示，使用 3 个 Y 轴绘制离心泵特性曲线，采用多项式回归 $H-q_v$ 曲线、$P-q_v$ 曲线和 $\eta-q_v$ 曲线。

表 4-8 流量 q_v、压头 H 和效率 η 的关系数据

序号	1	2	3	4	5	6	7	8	9	10	11
$q_v/(m^3 \cdot h^{-1})$	0.00	2.07	3.35	5.10	7.47	9.08	10.50	12.00	13.45	15.00	16.60
H/m	36.31	36.57	36.52	35.78	33.83	31.52	29.16	26.39	23.50	19.32	15.95
P/kW	1.2	1.35	1.47	1.63	1.84	1.98	2.10	2.22	2.33	2.44	2.55
η	0.000	0.188	0.279	0.376	0.461	0.485	0.489	0.479	0.455	0.399	0.348

解　本例涉及多层图形的绘制，最终绘制的图形见图 4-40，具体步骤如下。

(1)启动 Origin

(2)在 WorkBook 中输入数据　在 Book1 中按 Ctrl + D 快捷键/点鼠标右键 Add New Column，使工作表增加到四栏。在工作表的 A(X)、B(Y)、C(Y)、D(Y)中分别输入流量 q_v、压头 H、轴功率 P 和效率 η 数刻度标记的数量(注：注意刻度的合理性，如 increment 为 5，则#Minor 处输入 4 比较合适，这样每个次级刻度代表 1)。

在(Title&Format)窗口中，Title 可输入轴标题，Color 选择轴和刻度颜色，Major 和 Minor 分别控制主刻度和次刻度的显示(In—向内，Out—向外)。

在该曲线上双击或点击右键“Plot Details...”，并在“Line”中选择“Connect”为“B - Spline”(B 样条曲线、曲线光滑，缺省值“Straight”表示直线连接)、“Color”为“Black”，最后，选中图层右上角的图例，按“Delete”键删除。选中横纵坐标标签，点击右键菜单中的“Properties”分别修改其文字说明为“$q_v/(m^3 \cdot h^{-1})$”和“H/m”注意，该文字输入时，可以指定上下标。绘出的曲线如图 4-41 所示。

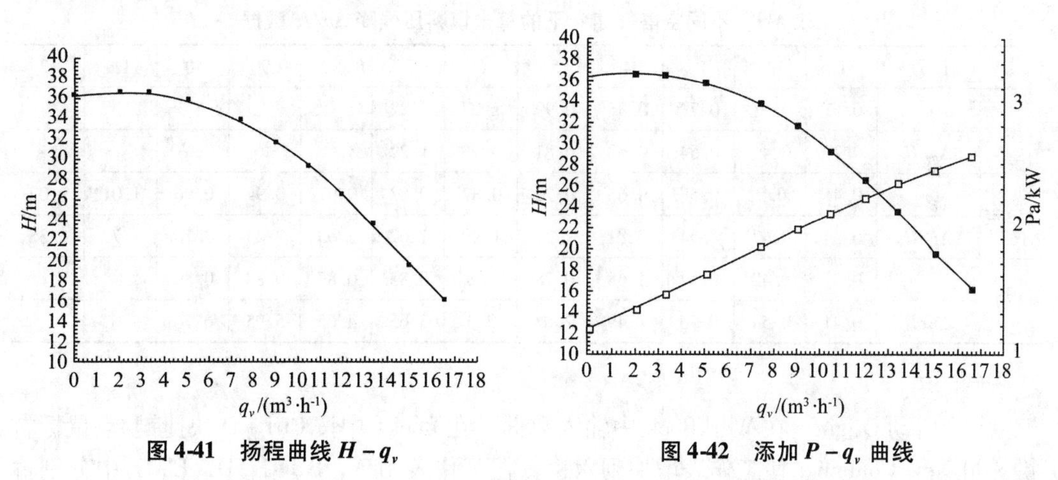

图 4-41　扬程曲线 $H-q_v$　　　图 4-42　添加 $P-q_v$ 曲线

在同一图上添加 $P-q_v$ 曲线，需要在图中坐标系以外的空白区域单击右键，选择“New Layer(Axis)→(Linked) Right Y”。此时将出现一新的坐标系，其纵轴被放置在了右侧，同时左上角数字“1”旁出现了数字“2”。双击层标“2”，在弹出窗体中选 A 列为 X 轴，C 列为 Y 轴，在该坐标系中绘制 Line + Symbol 图，绘制 $P-q_v$ 曲线的余下步骤同步骤(1)，不再一一说明。要强调的一点是，由于图层叠加顺序不同，可能导致右键操作无法进行，这时可在左上角的图层对应数字上点击右键进行操作。

(3)绘制$\eta - q_v$曲线　依照步骤(2)的方法，新建图层“3”，添加$\eta - q_v$曲线。该曲线与$P - q_v$曲线的纵坐标重合在一起，不便于读数，所以下一步将对这三条曲线作进一步的调整。单击相应图层的坐标轴，点击右键，选择“Axis…”在出现的对话框中，选择“Title&Format”标签，从左边的“Selection”列表中选择“Right”，并在“Axis”列表中选择“% From Right”，在“Percent/Value”中输入纵坐标的移动量。经过以上操作，三条曲线即可显示出各自的纵坐标，而横坐标则公用。调整坐标轴，添加图例(Legend)和相关文字，保存工程文件，最后得到的特性曲线如图4-42所示。

(4)多项式回归　选中图层“1”$H - q_v$曲线，选Analysis(分析)菜单中的Polynomial Regression(多项式拟合)命令，在“Order”栏中输入“2”(作2次曲线拟合)，得到$H = 36.41 + 0.3305q_v - 0.09586\,q_v{}^2$，$R^2$为0.998 5，说明拟合结果很好。

选中图层“2”$P - q_v$曲线，选Analysis(分析)菜单中的Polynomial Regression(多项式拟合)命令，在“Order”栏中输入“2”(作2次曲线拟合)，得到$P = 1.177 + 0.09339q_v - 6.046 \times 10^{-4} q_v{}^2$，$R^2$为0.999 2，说明拟合结果很好。

选中图层“3” $\eta - q_v$曲线，选Analysis(分析)菜单中的Polynomial Regression(多项式拟合)命令，在“Order”栏中输入“3”(作3次曲线拟合)，得到$\eta = 4.124 \times 10^{-4} + 0.10344q_v - 0.00614 \times 10^{-4} q_v{}^2 + 6.991 \times 10^{-5} q_v{}^3$，$R^2$为0.999 4，说明拟合结果很好。

【例4-5】吸收实验中，在三种喷淋量L(L·h^{-1})下分别测定了不同空塔气速u(m·s^{-1})下的每米填料压强降$\Delta p/H$(kPa·m^{-1})，结果如表4-9所示，请选择双对数坐标将填料塔压降与空塔气速的关系曲线画在同一图上。

表4-9　不同空塔气速u下的每米填料压强降$\Delta p/H$数据

L	序号	1	2	3	4	5	6	7	8	9	10	11	12
0	u	0.51	0.61	0.79	0.85	0.99	1.07	1.22					
	$\Delta p/H$	0.27	0.41	0.54	0.68	0.81	0.95	1.22					
125	u	0.41	0.5	0.57	0.65	0.72	0.82	0.83	0.91	0.94	0.96	1.01	1.02
	$\Delta p/H$	0.34	0.47	0.54	0.81	1.22	1.49	1.62	2.03	2.43	3.78	4.73	6.35
180	u	0.37	0.42	0.57	0.68	0.78	0.8	0.85	0.87	0.88	0.89		
	$\Delta p/H$	0.41	0.54	0.95	1.49	2.03	2.3	3.65	4.05	5.95	6.76		

解

(1)启动Origin　在WorkBook中输入数据，在Book1中按Ctrl+D快捷键/点鼠标右键Add New Column，使工作表增加到六栏。在工作表的A、B、C、D、E、F中分别输入三种喷淋量下的u和数据$\Delta p/H$。通过点右键“Set As”将A、C、E设置为X，B、D、F设置为Y，如图4-43所示。

(2)使用数据绘图　通过列表同时选择A(X1)、B(Y1)、C(X2)、D(Y2)、E(X3)、F(Y3)六列数据画Scatter图(散点图)，横坐标和纵坐标都选对数坐标，调整坐标刻度和标记，修改相应的数据点标记，用画线工具在图上分段连线，修改图例、横坐标和纵坐标名称，保存工程文件，图形如图4-44所示。

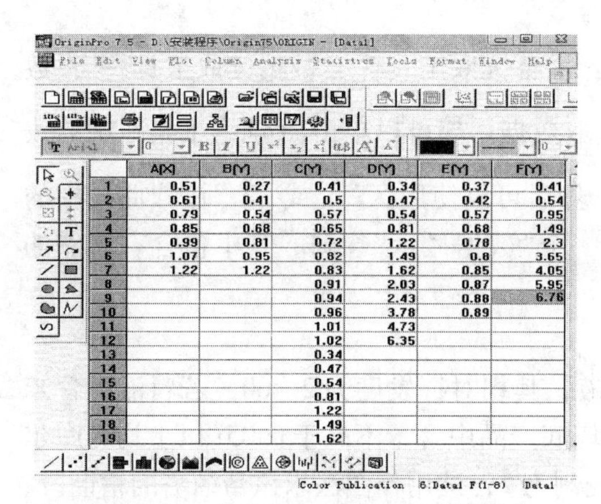

	A(X)	B(Y)	C(Y)	D(Y)	E(Y)	F(Y)
1	0.51	0.27	0.41	0.34	0.37	0.41
2	0.61	0.41	0.5	0.47	0.42	0.54
3	0.79	0.54	0.57	0.54	0.57	0.95
4	0.85	0.68	0.65	0.81	0.68	1.49
5	0.99	0.81	0.72	1.22	0.78	2.3
6	1.07	0.95	0.82	1.49	0.8	3.65
7	1.22	1.22	0.83	1.62	0.85	4.05
8			0.91	2.03	0.87	5.95
9			0.94	2.43	0.88	6.76
10			0.96	3.78	0.89	
11			1.01	4.73		
12			1.02	6.35		
13			0.34			
14			0.47			
15			0.54			
16			0.81			
17			1.22			
18			1.49			
19			1.62			

图 4-43 在 Origin 中输入多列数据

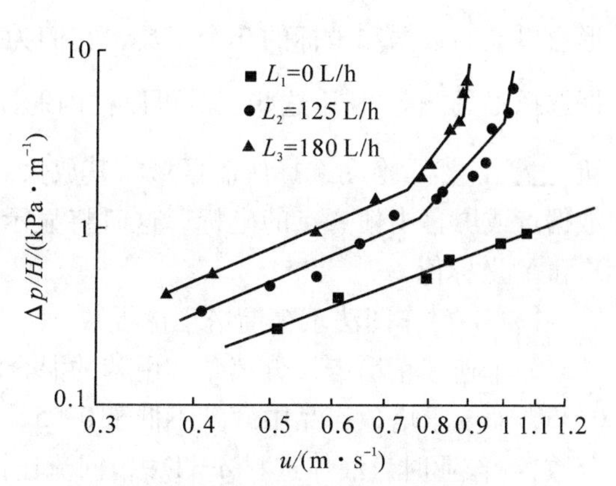

图 4-44 填料塔压降与空气塔气速的关系图（双对数坐标）

【例 4-6】用两台离心泵从水池向高位槽送水，单台泵的特性曲线为 $H = 25 - 1 \times 10^6 q_v^2$（$q_v$单位为 $m^3 \cdot s^{-1}$，H 为 m，下同），管路特性曲线可近似表达为 $H_e = 10 + 1 \times 10^5 q_v^2$，问该两泵如何组合才能使输出液量最大？并在图上标出相应的特性曲线和工作点。

解　两泵并联的特性曲线为 $H_{并} = 25 - 2.5 \times 10^5 q_v^2$

两泵串联的特性曲线为 $H_{串} = 50 - 2 \times 10^6 q_v^2$

Origin 允许用户绘制任意 $y = f(x)$类型的自定义函数。在“Function”窗口给制函数图：可以在“File”菜单选择“New”中的“Function”命令，打开“Plot Detail”对话框：输入数学表达式(可以使用任何 Origin 认可的函数)；单击“OK”即可将函数在新的窗口绘图（分别命名为 Function 1，2，3，…）；

用户可以单击按钮增加新函数、改变函数窗口的名称、重新调整比例、变为极坐标。也可以将函数图转成数据。在图形窗口绘制函数图：激活图形窗口，选择“ Graph：Add Function Graph”命令，打开“Plot Detail”对话框，在函数定义窗口输入函数形式单击“OK”即可。

启动 Origin，选择“Graph：Add Function Graph”命令，打开“Plot Detail”对话框，分别定义四个函数，F1(Y)为 25 - 1.0 * 10^6 * x^2，F2(Y)为 25 -2.5 * 10^5 * x^2，F3 (Y)为 50 - 2.0 * 10^6 * x^2，F4(Y)为 10 + 1.0 * 10^5 * x^2，分别画图，重新定义横坐标和纵坐标的刻度范围、坐标名、图例、线型等，如图 4-45 所示，从图中可以看出，并联时输液量最大。

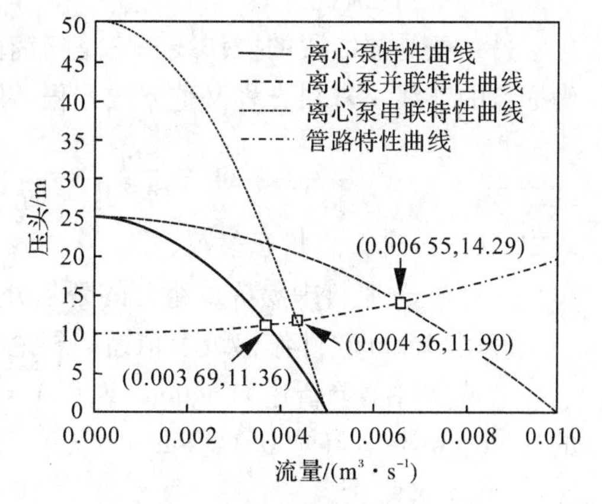

图 4-45 泵在不同情况下的工作点标于同一图中

注意：介绍一下 Origin 提供用来读取图

形窗口上的数据和坐标的几个工具，它们为：屏幕读取工具，数据读取工具，数据选择工具。利用这些工具可以精确地读取数据。如可以单击“Tools”工具栏中的按钮“”，然后拖动选择所需区域将其放大。然后可以使用“”或“”读取曲线中的数据点或屏幕中任意点的坐标，这时将显示一个“数据显示”窗口，其中包含有该点的X和Y坐标值。

【例4-7】作图法求精馏塔理论板数

一个连续精馏塔，分离苯和甲苯的混合液，其相对挥发度为2.460。若料液中含苯0.45，而要求塔顶产品中含苯不低于0.95，塔底产品中含苯不高于0.05(以上均为摩尔分数)。作业时，液体进料 $q=1.9$，回流比控制为2，试用作图法求该精馏塔的精馏段、提馏段理论板数以及全塔的理论板数(如图4-46所示)。

解　求理论板数的顺序是：先建立直角坐标系，画出辅助对角线，再绘出相平衡线、操作线，然后画梯级，得到结果。

理想溶液体系可用相平衡关系相对挥发度仪表示，即

$$y=\frac{\alpha x}{1+(\alpha-1)x}=\frac{2.46x}{1+1.46x}$$

式中　y——气相中易挥发组分的摩尔分数；

x——液相中易挥发组分的摩尔分数。

精馏的操作线有两条，一条是精馏段的，在恒摩尔流时其方程式为

$$y_{n+1}=\frac{R}{R+1}x_n+\frac{x_D}{R+1}=\frac{2x_n}{3}+\frac{0.95}{3}=0.6667x_n+0.3167$$

式中　y_{n+1}——第 $n+1$ 块理论塔板上气相中易挥发组分的摩尔分数；

x_n——第 n 块理论塔板上液相中易挥发组分的摩尔分数；

x_D——塔顶产品中易挥发组分的摩尔分数；

R——回流比。

另一条是提馏段的操作线，它是精馏段操作线与进料方程的交点和塔釜产品浓度的坐标点的连线。进料方程又称 q 线方程，即

$$y=\frac{q}{q-1}x-\frac{x_F}{q-1}=2.111x-0.5$$

式中　q——进料热状态参数；

x_F——原料中易挥发组分的摩尔分数。

应用Origin软件作梯级求精馏塔理论板数的步骤如下：

①从文件菜单新建Function，F1(x)=x，范围从0到1，横坐标标签改为 x，对 x 轴的Scale，Increment取0.1，#mlnor取9；纵坐标标签改为 y，对 y 轴的Scale，Increment 0.1，#minor取9。

②点New Function，定义F2 (x) = 2.46 * x/(1 + 1.46 * x)，作相平衡线，范围从0到1。

③New Function，定义 F3(x) =2.111 * x -0.5，作 q 线，范围从 0.45 到 0.7。

④用 Line Tools 连(0.05，0.05)和精馏段操作线与 q 线的交点得到提馏段操作线。

⑤在操作线和相平衡线间用 Line Tools 做阶梯(可借助🔍🔍进行局部放大、缩小辅助作图)，得到精馏段理论板数为 4 块，提馏段理论板数为 6 块(含塔釜)，全塔总理论板数为 10 块，如图 4-46 所示。将本题存为模板，稍作修改，可用于求精馏塔类似问题。

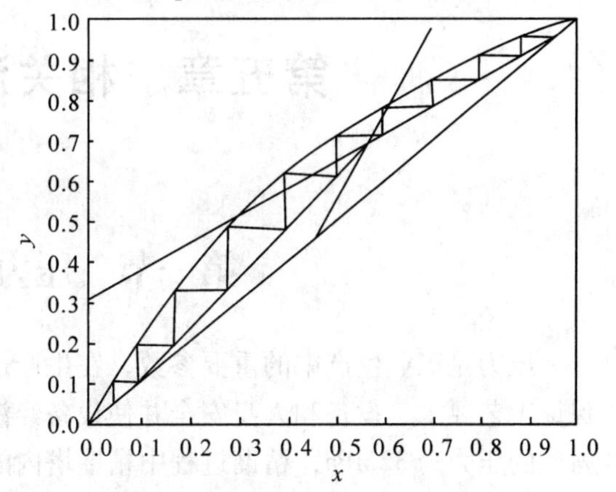

图 4-46 精馏塔作图法求理论板数

【例 4-8】已知填料吸收塔平衡关系和操作线关系见表 4-10，求气相总传质单元数 N_{OG}。

表 4-10 填料吸收塔平衡关系和操作线关系

序号	1	2	3	4	5	6	7
x	0.005 03	0.02	0.04	0.06	0.08	0.10	0.118 9
y	0.001 02	0.003 56	0.006 95	0.010 35	0.137 4	0.017 14	0.020 40
y_e	0.000 62	0.002 45	0.004 83	0.007 12	0.009 53	0.011 50	0.013 50
$1/(y-y_e)$	2 500	901	472	310	228	177	145

解 $N_{OG}=\int_{y_2}^{y_1}\frac{dy}{y-y_e}$ 启动 Origin A(X)、B(Y)中分别输入 y 和 $1/(y-y_e)$ 的数据，作图，然后选 Analysis 菜单中的 Integrate 命令，求得的面积为 10.10 就是 N_{OG}。

第五章　相关测量仪器仪表

第一节　压力测量及变送

压力是工业生产中的重要参数，在生产过程中，对液体、蒸汽和气体压力的检测是保证工艺要求、设备和人身安全并使设备经济运行的必要条件。例如，氧气和氮气合成氨气的压力为32MPa，精馏过程中精馏塔内的压力必须稳定，才能保证精馏效果；而石油加工中的减压蒸馏，则要在比大气压力低约93kPa的真空度下进行。如果压力不符合要求，不仅会影响生产效率、降低产品质量，有时还会造成严重的生产事故。

一、测压仪表

压力测量仪表简称压力计或压力表。它根据工艺生产过程的不同要求，可以有指示、记录和带远传变送、报警、调节装置等。

测量压力或真空度的仪表很多，按其转换原理的不同，大致可以分三大类。

(1)液柱式压力计　是依据流体静力学的原理，把被测压力转换成液柱高度的压力计。它被广泛应用于表压和真空度的测量中，也可以测定两点的压力差。按其结构形式不同，可分为U形管压力计、单管压力计和斜管压力计等。这类压力计结构简单，使用方便，但其精度受工作液的毛细管作用、密度及视差等因素的影响，测量范围窄。

(2)弹性式压力计　是利用弹性元件受压后所产生的弹性变形的原理进行测量的。由于测量范围不同，所以弹性元件也不一样，如弹簧管压力计、波纹管压力计和薄膜式压力计等。

(3)电气式压力计　是将被测的压力通过机械和电气元件转换成电量(如电压、电流、频率等)来进行测量的仪表，如电容式、电感式、应变式和霍尔式等压力计。

二、工业主要测压仪器

1. 弹性式压力计

弹性式压力计是利用各种形式的弹性元件，在被测介质压力的作用下，使弹性元件受压后产生弹性变形，通过测量该变形即可测得压力的大小。这种仪表结构简单，牢固可靠，价格低廉，测量范围宽($10^{-2} \sim 10^{3}$MPa)，精度可达0.1级，若与适当的传感元件相配合，可将弹性变形所引起的位移量转换成电信号，便可实现压力的远传、记录、控制、报警等功能。弹性式压力计在工业上是应用最为广泛的一种测压仪表。

(1)弹性元件　弹性元件不仅是弹性式压力计感测元件，也经常用来作为气动仪表的基本组成元件，应用较广。当测压范围不同时，所用的弹性元件也不同。常用的几种弹性元件的结构如图 5-1 所示。

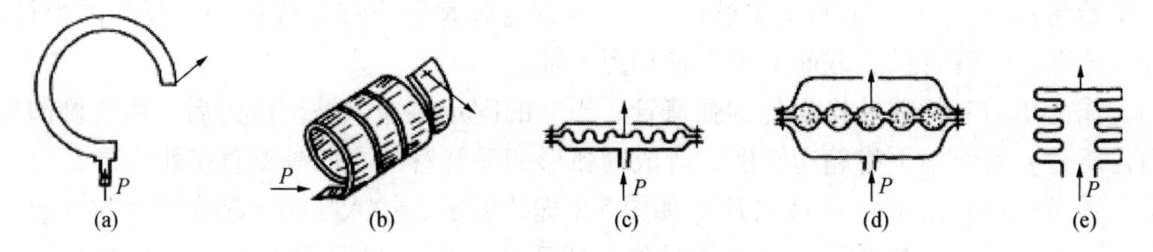

图 5-1 常用的几种弹性元件的结构

①弹簧管式弹性元件：单圈弹簧管是弯成圆弧形的金属管，它的截面积做成扁圆形或椭圆形，当通入压力后，它的自由端会产生位移，如图 5-1(a)。这种单圈弹簧管自由端位移量较小，测量压力较高，可测量高达 1 000MPa 的压力。为了增加自由端的位移，可以制成多圈弹簧管，如图 5-1(b)所示。

②薄膜式弹性元件：根据其结构不同还可以分为膜片与膜盒等。它的测压范围较弹簧管式的要低。它是由金属或非金属材料做成的具有弹性的一张膜片(平膜片或波纹膜片)，在压力作用下能产生变形，如图 5-1(c)。有时也可以由两张金属膜片沿周口对焊起来，成一薄壁盒，内充液体(如硅油)，称为膜盒，如图 5-1(d)所示。

③波纹管式弹性元件：是一个周围为波纹状薄壁的金属筒体，如图 5-1(e)所示。这种弹性元件易于变形，而且位移很大，常用于微压与低压的测量或气动仪表的基本元件。

(2)弹簧管压力表

①弹簧管的测压原理：弹簧管式压力表是工业生产上应用广泛的一种测压仪表，单圈弹簧管的应用最多。单圈弹簧管是弯成圆弧形的空心管，如图 5-2 所示。它的截面积

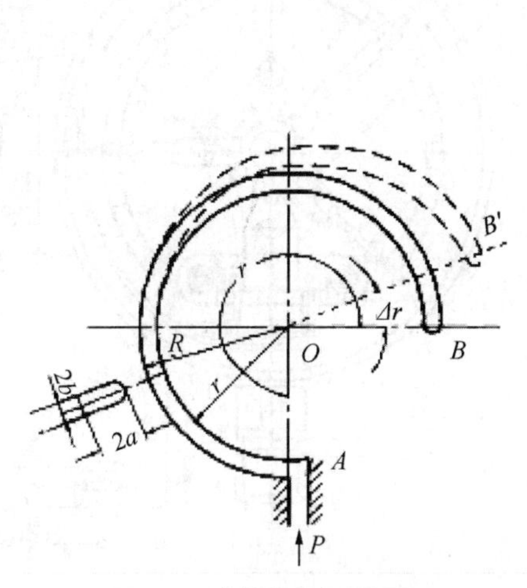

图 5-2 弹簧管的测压原理

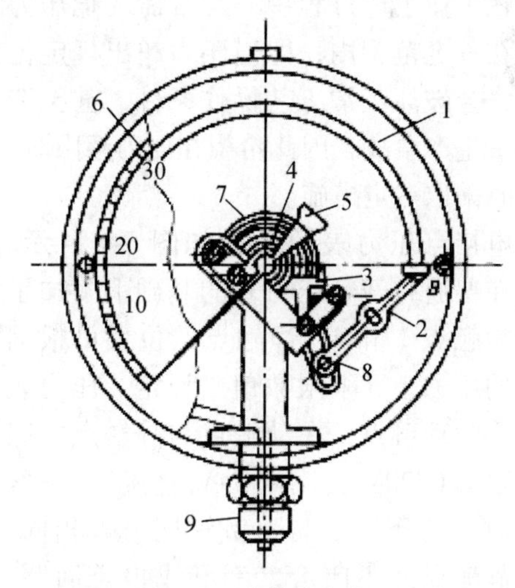

图 5-3 弹簧管压力

1. 弹簧管；2. 拉杆；3. 扇形齿轮；4. 中心齿轮；5. 指针；6. 面板；7. 游丝；8. 调整螺钉；9. 接头

呈扁圆或椭圆形，椭圆形的长轴 a 与图面垂直、与弹簧管中心轴 O 平行。A 为弹簧管的固定端，即被测压力的输入端；B 为弹簧管的自由端，即位移输出端；γ 为弹簧管中心角初始角；$\Delta\gamma$ 为中心角的变化量；R 和 r 分别为弹簧管弯曲圆弧的外半径和内半径；a 和 b 分别为弹簧管椭圆截面的长半轴和短半轴。

作为压力－位移转换元件的弹簧管，当它的固定端通入被测压力后，由于椭圆形截面在压力 p 的作用下将趋向圆形，弯成圆弧形的弹簧管随之向外挺直扩张变形，由于变形其弹簧管的自由端由 B 移到 B'，如图 5-2 虚线所示，输入压力 p 越大产生的变形也越大。由于输入压力与弹簧管自由端的位移成正比，所以只要测得 B 点的位移量，就能反映压力 p 的大小，这就是弹簧管压力表的基本测量原理。

②弹簧管压力表的结构：弹簧管压力表的结构原理如图 5-3 所示。被测压力由接头 9 通入后，弹簧管由椭圆形截面胀大趋于圆形，由于变形，使弹簧管的自由端 B 产生位移，自由端的位移量一般很小，直接显示有困难，所以必须通过放大机构才能指示出来。放大过程为：自由端 B 的弹性变形位移通过拉杆 2 使扇形齿轮 3 做逆时针转动，于是指针通过同轴的中心齿轮 4 带动而顺时针偏转，从而在面板的刻度标尺上显示出被测压力 p 的数值。由于自由端的位移与被测压力间有正比关系，因此弹簧管压力表的刻度标尺是线性的。游丝 7 用来克服因扇形齿轮和中心齿轮的间隙所产生的仪表偏差。改变调整螺钉 8 的位置(即改变机械转动的放大系数)，可以实现压力表一定范围量程的调整。

弹簧管的材料，一般在 $p < 20\text{MPa}$ 时采用磷铜，$p > 20\text{MPa}$ 时则采用不锈钢或合金。但是使用压力表时，必须注意被测介质的化学性质。例如，测量氧气时，应严禁沾有油脂或有机物，以确保安全。

2. 电接点压力表

在工业生产过程中，常常需要把压力控制在一定范围内，即当压力超出规定范围时，会破坏正常工艺操作条件，甚至造成严重生产事故，因此希望在压力超限时，能及时采取一定措施。

电接点压力表的结构如图 5-4 所示。它是在普通弹簧管压力表的基础上附加了两个静触点 1 和 4，静触点的位置可根据要求的压力上、下限数值来设定。压力表指针 2 为动触点，在动触点与静触点之间接入电源(220V 交流或 24V 直流)。正常测量时，工作原理与弹簧管压力表相同，动、静触点并不闭合，不形成报警回路，无报警信号产生。当压力超过上限值时，动触点 2 与静触点 4 闭合，上限报警回路

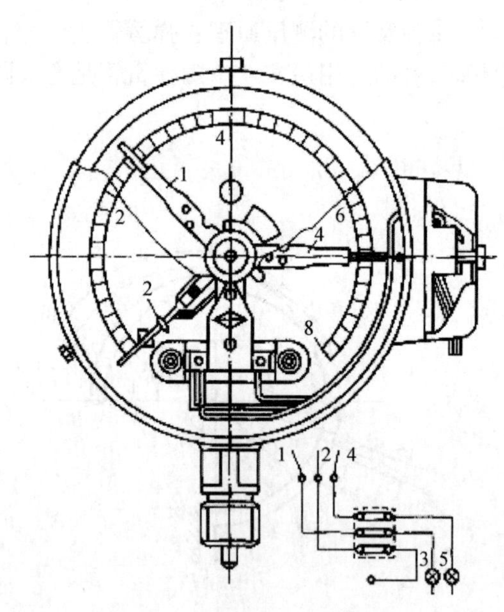

图 5-4 电接点压力表

1、4. 静触点；2. 动触点；3. 绿灯；5. 红灯

接通，红色信号灯亮(或蜂鸣器响)发出报警信号；当压力过低时，剐动触点2与静触点1闭合，下限报警回路接通，绿色信号灯亮(或蜂鸣器响)。

电接点压力表能简便地实现在压力超出给定范围时，及时发出报警信号，提醒操作人员注意，以便采取相应措施。另外，还可通过中间继电器实现某种连锁控制，以防止严重事故发生。

第二节　流量测量仪表

一、转子流量计

工业生产和科研工作中，经常遇到小管径、低雷诺数的小流量测量，对较小管径的流量测量常采用转子流量计。它适用的管径范围为1～150mm。

转子流量计的主要特点是结构简单，灵敏度高，量程比宽(10:1)，压力损失小且恒定，刻度近似线形，价格便宜，使用维护简便等。但仪表精度受被测介质密度、黏度、温度、压力等因素的影响，其精度一般在1.5级左右，最高可达1.0级。

1. 工作原理

转子流量计是以压差不变，利用节流面积的变化来反映流量的大小，故称为恒压差、变节流面积的流量测量方法。

转子流量计主要是由一根自下而上扩大的垂直锥管和一个随流体流量大小而上下移动的转子组成，如图5-5所示。锥形管的锥度为40′～3°，其材料有玻璃管和金属管两种。转子根据不同的测量范围及不同介质(气体或液体)可分别采用不同材料制成不同形状。当被测流体沿锥形管由下而上流过转子与锥形管之间的环隙时，位于锥形管中的转子受到一个方向上的阻力 F_1，在转子上、下游产生压差，使得转于浮起。当这个阻力正好与浸没在流体里的转子自重 W 和浮力 F_2 达到平衡时，转子就停浮在某一高度上。如果被测流体的流量增大，作用在转子上、下游的压差增大，则向上的阻力 F_1 将随之增大，因为转子在流体中所受的力($W-F_2$)是不变的，则向上的力大于向下的力，使转子上升，转子在锥形管中的位置升高，造成转子与锥形管间的环隙增大，即流体的流通面增大。随着环隙的增大，流过此环隙的流体流速变慢，则转子上、下游的压差减小，因而作用在转子向上的阻力也变小。当流体作用在转子上的阻力再次等于转子在流体中的自重与浮力之差时，转子又停浮在某一个新的高度上。流量减小时情况相反。这样，转子在锥形管中的平衡位置的高低与被测介质的流量大小相对应。如果在锥形管外表沿其高度刻上对应的流量值，那么根据转子平衡位置的高低就可以直接读出流量的大小。这就是转子流量计测量流量的基本原理。

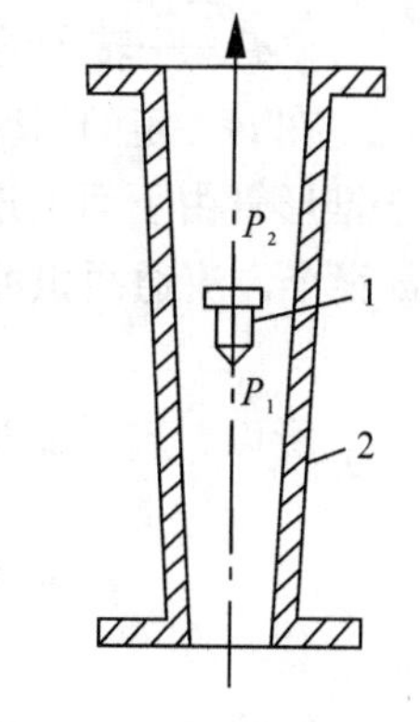

图5-5　转子流量计的工作原理

1. 转子；2. 锥管

转子流量计中转子受到的作用力为：

作用力 $$F_1 = \frac{1}{2}\rho\nu^2 A_r C \tag{5-1}$$

浮力 $$F_2 = V_r\rho g \tag{5-2}$$

自重 $$W = V_r\rho_r g \tag{5-3}$$

式中 ν——环形流通面积的平均流速；

C——转子的作用力系数；

A_r——转子迎流面的最大截面积；

V_r——转子的体积；

ρ_r——转子的密度；

ρ——被测流体的密度；

g——重力加速度。

当转子在某一位置平衡时，应满足

$$F_1 = W - F_2 \tag{5-4}$$

即 $$\frac{1}{2}\rho\nu^2 A_r C = V_r(\rho_r - \rho)g$$

可得 $$\nu = \sqrt{\frac{2V_r(\rho_r - \rho)g}{\rho A_r C}} \tag{5-5}$$

由于在测量过程中，流量计选定后，被测流体工作条件不变，V_r、ρ_r、ρ、A_r、g 均为常数，所以流体流过环形流通面积的平均流速 ν 是常数。由体积流量 $Q = A\nu$ 可知，ν 一定，体积流量 Q 与流通面积 A 成正比。

转子流量计的流通面积由转子和锥管尺寸所决定，即

$$A = (D^2 - d_r^2)\frac{\pi}{4} \tag{5-6}$$

式中 D——锥管内径；

d_r——转子的最大直径。

在 ν 一定的情况下，流过转子流量计的流量与转子和锥形之间的环隙面积有关。由于锥形管由下而上逐渐扩大，所以环隙面积与转子浮起的高度 h 有关。因为锥管的锥角 φ 很小，流通面积可近似表示为：

$$A = \pi d r h \tan\varphi$$

所以，转子流量计所测介质的流量大小，可用式(5-7)表示

$$M = \alpha A\sqrt{\frac{2\rho V_r(\rho_r - \rho)g}{A_r}} = \alpha\pi d_r h\tan\varphi\sqrt{\frac{2\rho V_r(\rho_r - \rho)g}{A_r}} \tag{5-7}$$

$$Q = \alpha A\sqrt{\frac{2V_r(\rho_r - \rho)g}{\rho A_r}} = \alpha\pi d_r \tan\varphi\sqrt{\frac{2V_r(\rho_r - \rho)g}{\rho A_r}} \tag{5-8}$$

式中 α——转子流量计的流量系数，$\alpha = \sqrt{\frac{1}{C}}$取决于转子的形状和雷诺数，并由实验

确定；

h——转子所处的高度。

由式(5-7)和式(5-8)可见，只要保持流量系数 α 为常数，测得转子所处的高度 h，便可知流量的大小。

2. 常用转子流量计举例——玻璃转子流量计

玻璃转子流量计主要用于化工、医药、石油、轻工、食品、机械、化肥、分析仪表等领域，用来测量液体或气体的流量。

(1)特点　性能可靠，读数直观、方便，结构简单、安装使用方便，价格便宜。

(2)工作原理和结构　流量计的主要测量元件为一根垂直安装的下小上大锥形玻璃管和在内可上下移动的浮子。当流体自下而上流经玻璃管时，在浮子上、下之间产生压差，浮子在此差压作用下上升。当使浮子上升的力、浮子所受的浮力、黏性力与浮子的重力相等时，浮子处于平衡位置。因此，流经流量计的流体流量与浮子上升高度，即与流量计的流通面积之间存在着一定的比例关系，浮子的平衡位置可作为流量的量度。

例如，目前市场上可见的 LZB 普通型、LZBH 耐腐型系列玻璃转子流量计，如图 5-6 所示，主要由锥形玻璃管、浮子、上下基座和支撑件连接组合而成。

玻璃转子流量计有普通型和防腐型两大类：普通型适用于各种没有腐蚀性的液体和气体；耐腐蚀型主要用于有腐蚀性的气体和液体(强酸强碱)，内衬材料为聚四氟乙烯(PTFE)。

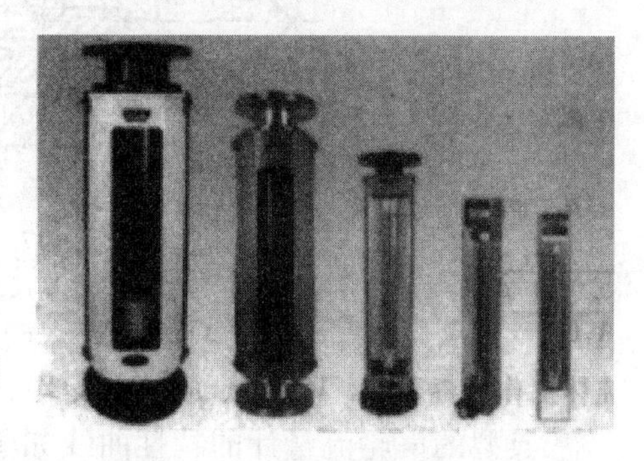

图 5-6　LZB 玻璃转子流量计

二、涡轮流量计

涡轮流量计是一种速度式流量计，是利用置于流体中的叶轮的旋转角速度与流体流速成比例的关系，通过测量叶轮的转速来反映体积流量的大小。

1. 原理与结构

涡轮流量计由变送器和显示仪表两部分组成。变送器如图 5-7 所示，涡轮 1 用高导磁材料制成，置于摩擦力很小的支承 2 上，涡轮上装有螺旋形叶片，流体作用于叶片使之转动。导流器 6 由导向环(片)及导向座组成，使流体到达涡轮前先导直，以避免因流体的自旋而改变流体与涡轮叶片的作用角，从而保证测量精确度，并且用以支承涡轮。磁电感应转换器由线圈 4 和磁钢 3 组成，可用来产生与叶片转速成正比的电信号。壳体 5 由非导磁材料制成，用来固定和保护内部零件，并与被测流体管道连接。前置放大器 7 用来放大磁电感应转换器输出的微弱电信号，以便于远距离传送。

当流体流过涡轮流量变送器时，推动涡轮转动，高导磁的涡轮叶片周期性地扫过磁钢，使磁路的磁阻发生周期性变化，线圈中的磁通量也跟着发生周期性变化，使线圈中感应出交变电信号，此交变电信号的频率与涡轮的转速成正比，即与流量成正比。也就是说，流量越大，线圈中感应出的交变电信号频率 f(Hz)越高。

被测的体积流量与脉冲频率f之间的关系为

$$Q = f/\varepsilon \tag{5-9}$$

式中，ε为流量系数，与仪表的结构、被测介质的流动状态、黏度等因素有关，在一定的范围内ε为常数。

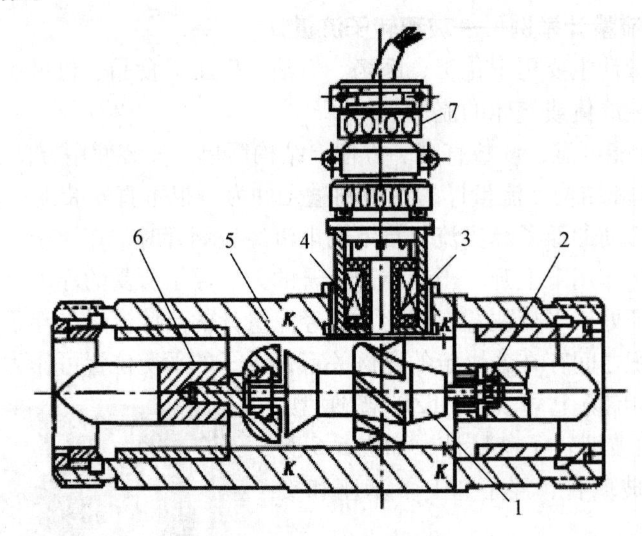

图 5-7 涡轮流量计结构

1. 涡轮；2. 支承；3. 永久磁钢；4. 感应线圈；
5. 壳体；6. 导流器；7. 前置放大器

典型的涡轮流量计的特性曲线如图 5-8 所示。由图可见，涡轮开始旋转时为了克服轴承中的摩擦力矩有一最小流量，小于最小流量时仪表无输出。当流量比较小时，即流体在叶片间是层流流动时，ε随流量的增加而增加。达到紊流状态后ε的变化很小，其变化值在±0.5%以内。另外，ε值将受被测介质黏度的影响，对低黏度介质ε值几乎是一常数，而对高黏度介质ε值随流量的变化有很大的变化，因此涡轮流量计适于测量低黏度的紊流流体。当涡轮流量计用于测量较高黏度的流体，特别是较高黏度的低速流体时，必须用实际使用的流体对仪表进行重新标定。

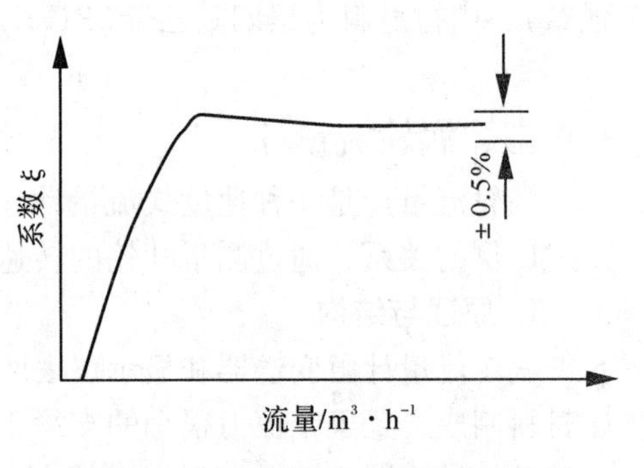

图 5-8 流量系数与流量的关系

2. 涡轮流量计的特点

①精确度高。基本误差为 ±0.2% ~ ±1.0%，在小范围内误差小于或等于 ±0.1%，可作为流量的准确计量仪表。

②反应迅速，可测脉动流量，量程比为(10:1) ~ (20:1)，线性刻度。

③由于磁电感应转换器与叶片间不需密封和齿轮传动，因而测量精度商，可耐高

压，被测介质静压可达16MPa。压损小，一般压力损失在$(5\sim75)\times10^3$ Pa范围内，最大不超过1.2×10^5Pa。

④涡轮流量计输出为与流量成正比的脉冲数字信号，具有在传输过程中准确度不降低、易于累积、易于送入计算机系统的优点。

缺点是制造困难，成本高。又因涡轮高速转动，轴承易被磨损，降低了长期运转的稳定性，缩短了使用寿命。

由于以上原因，涡轮流量计主要用于测量精确度要求高、流量变化迅速的场合，或者作为标定其他流量计的标准仪表。

3. 涡轮流量计使用注意事项

①要求被测流体洁净，以减少对轴承的磨损和防止涡轮被卡住，故应在变送器前加过滤装置，安装时要设旁路。

②变送器一般应水平安装。变送器前的直管段长度应10D以上，后面为5D以上。

③可用于测量轻质油(汽油、煤油、柴油等)、低黏度的润滑油及腐蚀性不大的酸碱溶液的流量，不适于测量黏度较高的介质流量。对于液体，介质黏度应小于5×10^{-6} m^2/s。

④凡测量液体的涡轮流量计，在使用中切忌有高速气体引入，特别是测量易汽化的液体和液体中含有气体时，必须在变送器前安装消气器。这样既可避免高速气体引入而造成叶轮高速旋转，致使零部件损坏，又可避免气、液两相同时出现，从而提高测量精确度和涡轮流量计的使用寿命。当遇到管路设备检修采用高温蒸汽清扫管路时，切忌冲刷仪表，以免损坏。

第三节　测温仪器仪表

一、热电偶概述

作为工业测温中最广泛使用的温度传感器之一——热电偶，与铂热电阻一起，约占整个温度传感器总量的60%，热电偶通常和显示仪表等配套使用，直接测量各种生产过程中-40~1 800℃范围内的液体、蒸汽和气体介质以及固体的表面温度。

热电偶工作原理：两种不同成分的导体两端接合成回路，当接合点的温度不同时，在回路中就会产生电动势，这种现象称为热电效应，而这种电动势称为热电势。热电偶就是利用这种原理进行温度测量的。其中，直接用作测量介质温度的一端叫作工作端(也称为测量端)，另端叫作冷端(也称为补偿端)；冷端与显示仪表或配套仪表连接，显示仪表会指出热电偶所产生的热电势。

热电偶实际上是一种能量转换器，它将热能转换为电能，用所产生的热电势测量温度。对于热电偶的热电势，应注意如下几个问题：

①热电偶的热电势是热电偶两端温度函数的差，而不是热电偶两端温度差的函数。

②当热电偶的材料是均匀时，热电偶所产生的热电势的大小与热电偶的长度和直径无关，只与热电偶材料的成分和两端的温差有关。

③当热电偶的两个热电偶丝材料成分确定后，热电偶热电势的大小只与热电偶的温度差有关。若热电偶冷端的温度保持一定，则热电偶的热电势与工作端温度之间可呈线性或近似线性的单值函数关系。

热电偶的基本构造：工业测温用的热电偶，其基本构造包括热电偶丝材、绝缘管、保护管和接线盒等。

二、常用热电偶丝材及其性能

(1)铂铑 10 - 铂热电偶(分度号为 S，也称为单铂铑热电偶)

该热电偶的正极为含铑 10% 的铂铑合金，负极为纯铂。它的特点是：

①热电性能稳定，抗氧化性强，宜在氧化性气氛中连续使用，长期使用温度可达 1 300℃，超过 1 400℃时，即使在空气中纯铂丝也将再结晶，使晶粒粗大而断裂。

②精度高，它是在所有热电偶中，准确度等级最高的，通常用作标准或测量较高的温度。

③使用范围较广，均匀性及互换性好。

主要缺点有：微分热电势较小，因而灵敏度较低；价格较贵；机械强度低，不适宜在还原性气氛或有金属蒸气的条件下使用。

(2)铂铑 13 - 铂热电偶(分度号为 R，也称为单铂铑热电偶)

该热电偶的正极为含铑 13% 的铂铑合金，负极为纯铂。同 S 型相比，它的电势率大 15% 左右，其他性能几乎相同。该热电偶在日本产业界作为高温热电偶用得最多，而在中国则用得较少。

(3)铂铑 30 - 铂铑 6 热电偶(分度号为 B. 也称为双铂铑热电偶)

该热电偶的正极是含铑 30% 的铂铑合金，负极为含铑 6% 的铂铑合金。在室温下，其热电势很小，故在测量时一般不用补偿导线，可忽略冷端温度变化的影响。长期使用温度为 1 600℃，短期为 1 800℃。因热电势较小，故需配用灵敏度较高的显示仪表。

(4)镍铬 - 镍硅(镍铝)热电偶(分度号为 K)

该热电偶的正极为含铬 10% 的镍铬合金，负极为含硅 3% 的镍硅合金(有些国家的产品负极为纯镍)。可测量 0 ~1 300℃的介质温度，适宜在氧化性及惰性气体中连续使用，短期使用温度为 1 200℃，长期使用温度为 1 000℃，其热电势与温度的关系近似线性。价格便宜，是目前用量最大的热电偶。

(5)镍铬硅 - 镍硅热电偶(分度号为 N)

该热电偶的主要特点是，在 1 300℃以下抗氧化能力强，长期稳定性及短期热循环复现性好，耐核辐射及耐低温性能好。另外，在 400 ~1 300℃范围内，N 型热电偶的热电特性的线性比 K 型热电偶要好；但在低温范围内(-200 ~ 400℃)的非线性误差较大。同时，材料较硬难于加工。

三、绝缘管

该热电偶的工作端被牢固地焊接在一起，热电极之间需要用绝缘管保护。热电偶的绝缘材料很多，大体上可分为有机和无机绝缘两类。处于高温端的绝缘物必须采用无机物，通常在1 000℃以下选用黏土质绝缘管，在1 300℃以下选用高铝管，在1 600℃以下选用刚玉管。

四、保护管

保护管的作用在于使热电偶电极不直接与被测介质接触，它不仅可延长热电偶的寿命，还可起到支撑和固定热电极，增加其强度的作用。因此，热电偶保护管及绝缘选择是否合适，将直接影响到热电偶的使用寿命和测量的准确度，被采用作保护管的材料主要分为金属和非金属两大类。

第四节　数字式显示仪表

一、概述

在生产过程中，各种工艺参数经检测元件和变送器变换后，多数被转换成相应的电参量的模拟量。由于从变送器得到的电参量信号较小，通常必须要进行前置放大，然后再经过模数转换(简称 A/D 转换)器，把连续输入的模拟信号转换成数字信号。

在实际测量中，被测变量经检测元件及变压器转换后的模拟信号与被测变量之间有时为非线性函数关系，这种非线性函数关系对于模拟式显示仪表可采用非等分标尺刻度的办法方便地加以解决。但在数字式显示仪表中，由于经模数转换后直接显示被测变量的数值，所以为了消除非线性误差，必须在仪表中加入非线性补偿。一台数字式显示仪表应具备以下基本功能。

1. 模－数转换功能

模－数转换是数字式显示仪表的重要组成部分。它的主要任务是使连续变化的模拟量转换成与其成比例的、断续变化的数字量，以便于进行数字显示。要完成这一任务必须用一定的计量单位使连续量整量化，才能得到近似的数字量。计量单位越小，整量化的误差也就越小，数字量就越接近连续量本身的值。显然，分割的阶梯(即量化单位)越小，转换精度就越高，但这要求模数转换装置的频率响应、前置放大的稳定性等也越高。使模拟量整量化的方法很多，目前常用的有以下三大类：时间间隔数字转换、电压－数字转换(V/D 转换)、机械量数字转换。

实际上经常是把非电量先转换成电压，然后再由电压转换成数字，所以 A/D 转换的重点是 V/D 转换。电压数字转换的方法有很多，如单积分型、双积分型、逐次比较型等，详细内容可参见有关教材，此处不再细述。

2. 非线性补偿功能

数字式显示仪表的非线性补偿，就是指将被测变量从模拟量转换到数字显示这一过程中，如何使显示值和仪表的输入信号之间具有一定规律的非线性关系，以补偿输入信号和被测变量之间的非线性关系，从而使显示值和被测变量之间呈线性关系。目前常用的方法有模拟式非线性补偿法、非线性模数转换补偿法、数字式非线性补偿法。数字式非线性补偿通用性较强。

数字式线性化是在 A/D 转换之后的计数过程中，进行系数运算而实现非线性补偿的一种方法。它又可分为两大类：一类是普通的数字显示仪采用“分段系数相乘法”，基本原则与 A/D 转换一样，是“以折代曲”，将不同斜率的折线段乘以不同的系数，就可以使非线性的输入信号转换为有着同一斜率的线性输出，达到线性化的目的：另一类是智能化数显仪表才可采用的“软件编程法”，它可将标度变换和线性化同时实现，使仪表硬件大大减少，明显优于普通数显仪表。

3. 标度变换功能

标度变换的含义就是比例尺的变更。测量信号与被测变量之间往往存在一定的比例关系，测量值必须乘上某一常数，才能转换成数字式仪表所能直接显示的变量值，如温度、压力、流量、物位等，这就存在一个量纲还原问题，通常称之为“标度变换”。

标度变换与非线性补偿一样也可以采用对模拟量先进行标度变换后，再送至 A/D 转换器变成数字量，也可以先将模拟量转换成数字量后，再进行数字式标度变换。模拟量的标度变换较简单，它一般是在模拟信号输入的前置放大器中，通过改变放大器的放大倍数来达到。因而使模拟量的标度变换方法较简单。

可见，一台数字式显示仪表应具备模数转换、非线性补偿及标度变换三大部分。这三部分又各有很多种类，三者相互巧妙的结合，可以组成适用于各种不同要求的数字式显示仪表。

二、智能化显示仪表

智能化显示仪表是在数字式显示仪表的基础上，仍具有数字显示仪表的外形，但内部加入了 CPU 等芯片，使显示仪表的功能智能化。一般都具有量程自动切换、自校正、自诊断等一定的人工智能分析能力。传统仪表中难以实现的如通信、复杂的公式修正运算等问题，对智能仪表而言，只要软、硬件设计配合得当，则是轻而易举的事情。而且与传统仪表相比，其稳定性、可靠性、性能价格比都大大提高。

智能化仪表的原理如图 5-9 所示。它的硬件结构的核心是单片机芯片(简称单片机)，在一块小小的芯片上，同时集成了 CPU、存储器、定时/计数器、串并行输入输出口、多路中断系统等。有些型号的单片机还集成了 A/D 转换器、D/A 转换器，采用这样的单片机，仪表的硬件结构还要简单。

仪表的监控程序固化在单片机的存储器中。单片机包含的多路并行输入输出口，有的可作为仪表面板轻触键和开关量输入的接口；有的用于 A/D、D/A 芯片的接口；有

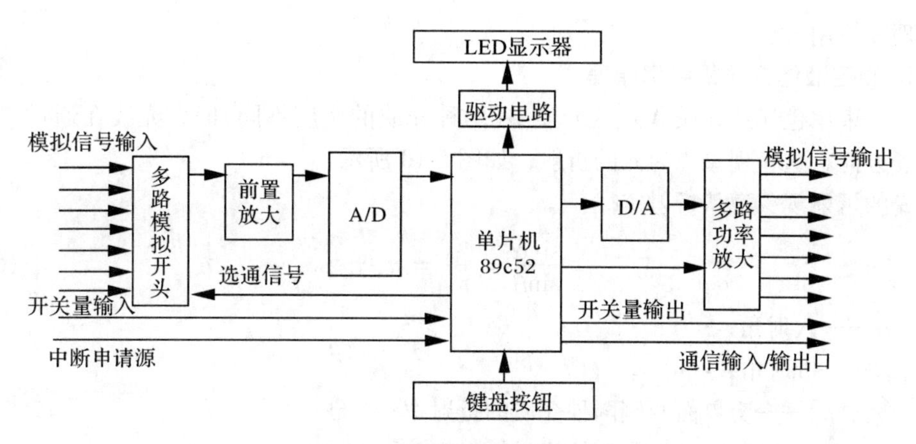

图 5-9 智能化仪表的原理框图

的可作为并行通信接口(如连接一个微型打印机等)；串行输入输出口可用于远距离的串行通信；多路中断处理系统能应付各种突发事件的紧急处理。

智能化显示仪表的输入信号除开关量的输入信号与外部突发事件的中断申请源之外，主要为多路模拟量输入信号，可以连接多种分度号的热电偶和热电阻及变送器的信号，监控程序台自动判别，量程也会自动调整。输出信号有开关量输出信号、串并行通信信号、多路模拟控制信号等。

智能化显示仪表的操作即可用仪表面板上的轻触键来设定，也可借助串行通信口由上位机来远距离设定与遥控。可让仪表巡回显示多路被测信号的测量值、设定值，也可随意指定显示某一路的测量值、设定值。

第五节 其他仪表

一、阿贝折射仪

阿贝折射仪可直接用来测定液体的折射率，定量地分析溶液的组成，鉴定液体的纯度。同时，物质的温度、摩尔质量、密度、极性分子的偶极矩等也都与折射率相关，因此它也是物质结构研究工作的重要工具。折射率的测量，所需样品量少，测量精密度高(折射率可精确到 ±0.000 1)，重现性好，所以阿贝折射仪是教学和科研工作中常见的光学仪器。近年来，由于电子技术和电子计算机技术的发展，该仪器品种也在不断更新。下面介绍仪器的结

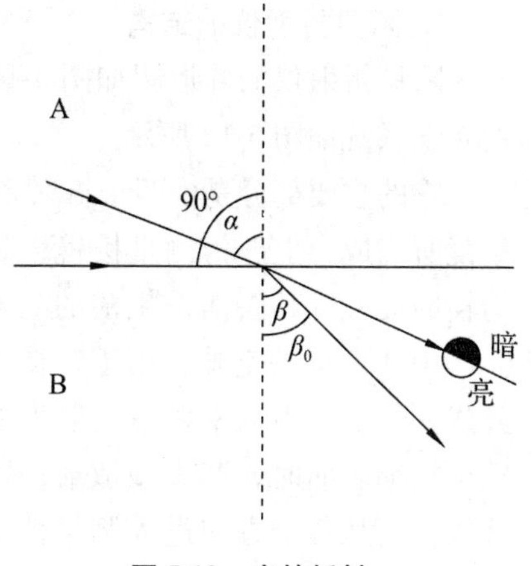

图 5-10 光的折射

构原理和使用方法。

1. 测定液体介质折射率原理

当一束单色光从介质A进入介质B(两种介质的密度不同)时，光线在通过界面时改变了方向，这一现象称为光的折射，如图5-10所示。

光的折射现象遵从折射定律：

$$\frac{\sin\alpha}{\sin\beta} = \frac{n_A}{n_B} = n_{A,B} \tag{5-10}$$

式中 α——入射角；

β——折射角；

n_A，n_B——交界面两侧两种介质的折射率；

$n_{A,B}$——介质B对介质A的相对折射率。

若介质A为真空，因规定 $n = 1.0000$，故 $n_{A,B} = n_1$ 为绝对折射率。但介质A通常为空气，空气的绝对折射率为1.000 29，这样得到的各物质的折射率称为常用折射率，也称为对空气的相对折射率。同一物质两种折射率之间的关系为：

绝对折射率 = 常用折射率 × 1.000 29

根据式(5-10)可知，当光线从一种折射率小的介质A射入折射率大的介质B时($n_A < n_B$)，入射角一定大于折射角($\alpha > \beta$)。当入射角增大时，折射角也增大，设当入射角 $\alpha = 90°$ 时，折射角为 β_0，我们将此折射角称为临界角。因此，当在两种介质的界面上以不同角度射入光线时(入射角 α 从 0°~90°)，光线经过折射率大的介质后，其折射角 $\beta \leqslant \beta_0$。其结果是大于临界角的部分无光线通过，成为暗区：小于临界角的部分有光线通过，成为亮区。临界角成为明暗分界线的位置，如图5-10所示。根据式(5-10)可得：

$$n_A = n_B \frac{\sin\beta_0}{\sin\alpha} = n_B \sin\beta_0 \tag{5-11}$$

因此，在固定一种介质时，临界折射角 β_0 的大小与被测物质的折射率呈简单的函数关系，阿贝折射仪就是根据这个原理而设计的。

2. 阿贝折射仪的结构

阿贝折射仪的外形图如图5-11所示。阿贝折射仪的光学系统如图5-12所示。

它的主要部分是由两个折射率为1.75的玻璃直角棱镜所构成，上部为测量棱镜，是光学平面镜，下部为辅助棱镜。其斜面是粗糙的毛玻璃，两者之间约有0.1~0.15mm的空隙，用于装待测液体，并使液体展开成一薄层。当从反射镜反射来的入射光进入辅助棱镜至粗糙表面时，产生漫散射，以各种角度透过待测液体，而从各个方向进入测量棱镜而发生折射。其折射角都落在临界角 β_0 之内，因为棱镜的折射率大于待

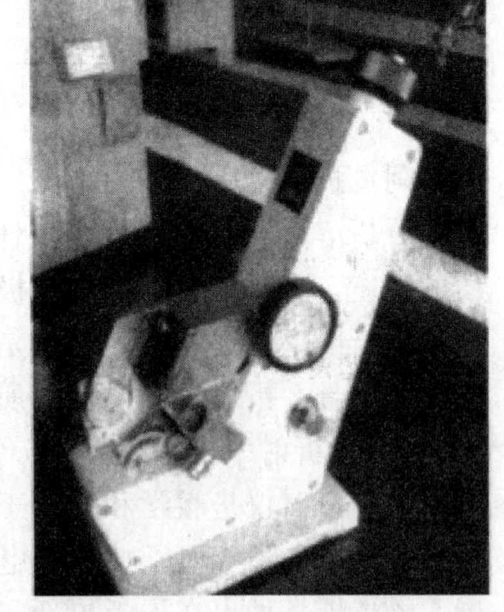

图5-11 阿贝折射仪外形图

测液体的折射率，因此入射角从0°～90°的光线都通过测量棱镜发生折射。具有临界角β_0的光线从测量棱镜出来反射到目镜上，此时若将目镜十字线调节到适当位置，则会看到目镜上呈半明半暗状态。折射光都应落在临界角β_0内，成为亮区，其他部分为暗区，构成了明暗分界线。

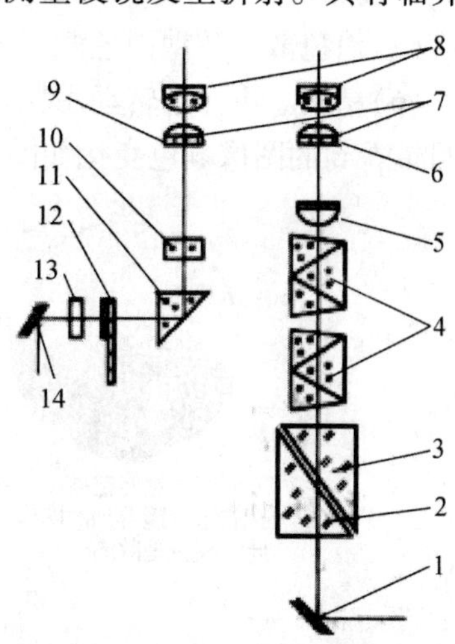

图5-12　阿贝折射仪光学系统示意

1. 反射镜；2. 辅助棱镜；3. 测量棱镜；4. 消色散棱镜；5. 物镜；6. 分划板；7、8. 目镜；9. 分划板；10. 物镜；11. 转向棱镜；12. 照明度盘；13. 毛玻璃；14. 小反光镜

根据式(5-11)可知，只要已知棱镜的折射率$n_棱$，通过测定待测液体的临界角β_0，就能求得待测液体的折射率$n_棱$。实际上测定β_0值很不方便，当折射光从棱镜出来进入空气又产生折射，折射角为β_0'。$n_液$与β_0'之间的关系为：

$$n_液 = \sin r\sqrt{n_棱^2 - \sin^2\beta_0'} - \cos r\sin\beta_0' \tag{5-12}$$

式中　r——常数；

$n_棱$——1.75。

测出β_0'即可求出$n_液$。因为在设计折射仪时已将β_0'换算成$n_液$值，故从折射仪的标尺上可直接读出液体的折射率。

在实际测量折射率时，使用的入射光不是单色光，而是使用由多种单色光组成的普通白光，因不同波长的光的折射率不同而产生色散，在目镜中看到一条彩色的光带，而没有清晰的明暗分界线，为此，在阿贝折射仪中安置了一套消色散棱镜(又叫补偿棱镜)。通过调节消色散棱镜，使测量棱镜出来的色散光线消失，明暗分界线清晰，此时测得的液体的折射率相当于用单色光钠光D线所测得的折射率n_D。

3. 使用方法

(1)仪器安装　将阿贝折射仪安放在光亮处，但应避免阳光直接照射，以免液体试样受热迅速蒸发。将超级恒温槽与其相连接使恒温水通入棱镜夹套内，检查棱镜上温度计的读数是否符合要求，一般选用(20.0±0.1)℃或(25.0+0.1)℃。

(2)加样　旋开测量棱镜和辅助棱镜的闭合旋钮，使辅助棱镜的磨砂斜面处于水平位置，若棱镜表面不清洁，可滴加少量丙酮，用擦镜纸顺单一方向轻擦镜面(不可来回擦)。待镜面洗净干燥后，用滴管滴加数滴试样于辅助棱镜的毛镜面上，迅速合上辅助棱镜，旋紧闭合旋钮。若液体易挥发，动作要迅速，或先将两棱镜闭合，然后用滴管从加液孔中注入试样(注意：切勿将滴管折断在孔内)。

(3)对光　转动手柄，使刻度盘标尺上的示值为最小，于是调节反射镜，使入射光进入棱镜组。同时，从测量望远镜中观察，使视场最亮。调节目镜，使视场准丝最清晰。

(4)粗调　转动手柄，使刻度盘标尺上的示值逐渐增大，直至观察到视场中出现彩色光带或黑白界线为止。

(5)消色散　转动消色散手柄，使视场内呈现一清晰的明暗分界线。

(6)精调　再仔细转动手柄，使分界线正好处于×形准丝交点上。(调节过程在右边目镜看到的图像颜色变化如图5-13所示)

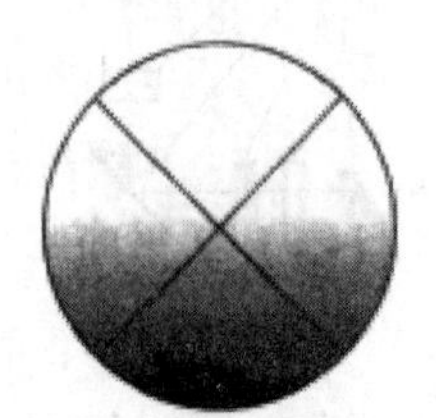

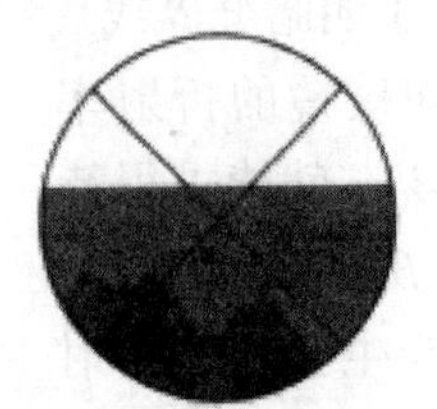

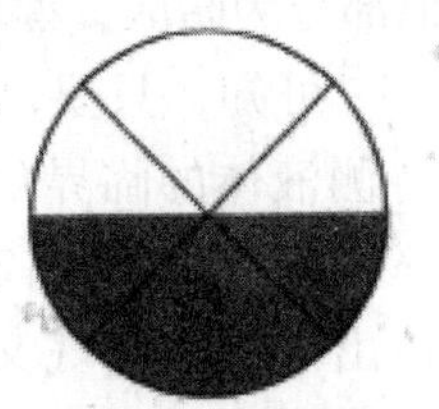

图5-13　右边目镜中的图像

(7)读数　从读数望远镜中读出刻度盘上的折射率数值，如图5-14所示。常用的阿贝折射仪可读至小数点后的第四位，为了使读数准确，一般应将试样重复测量三次，每次相差不能超过0.000 2，然后取平均值。

(8)仪器校正　折射仪刻度盘上的标尺的零点有时会发生移动，须加以校正。校正的方法是用一种已知折射率的标准液体，一般是用纯水，按上述方法进行测定，将平均值与标准值比较，其差值即为校正值。纯水在20℃时的折射率为1.332 5，在15 ~ 30℃之间的温度系数为-0.000 1℃$^{-1}$。在精密的测量工作中，须在所测范围内用几种不同折射率的标准液体进行校正，并画出校正曲线，以供测试时对照校核。

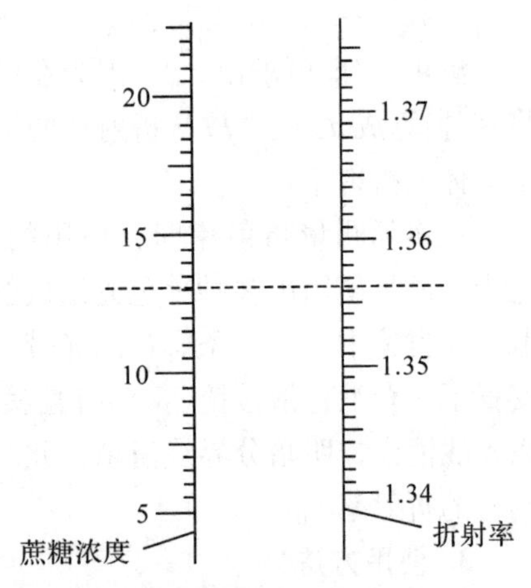

实验测得折射率为：1.356+0.001×1/5=1.3562

图5-14　左边目镜中的图像

二、水分快速测定仪

1. 原理及用途

水分快速测定仪用于快速测定化工原料、谷物、矿物、生物质品、食品、制药原料、纸张、纺织原料等各类样品的游离水分。当对含水率需作精密测定时，一般使用烘箱并配置精密天平，试样物质在烘干后的失重量和烘干前的原始重量之比值，就是该试样的含水率。这种方法能够得到较高的测试精度，但是耗用的时间很长，不能及时地指导实验或生产。

水分快速测定仪采用相似的原理，将一台定量天平的秤盘置于红外线灯泡的直接辐射下，试样物质受红外线辐射波的热能后，游离水分迅速蒸发，当试样物质中的游离水分充分蒸发后，即能通过仪器上的光学投影装置，直接读出试样物质含水率的百分比，不仅缩短了测试时间，操作也比较方便。

对于要求含水率快速测定及试样物质能够经受红外辐射波照射而不至于被挥发或分解的均能使用本仪器。

2. 操作方法

正确地使用水分快速测定仪，掌握最佳的测试工艺过程，才能得到最好的试样效果。由于环境的温度和湿度对试祥含水率的正确测定有较大影响，因此一般要按下列步骤进行。

(1)干燥处理　在红外线的辐射下，秤盘和天平称量系统表面吸附的水分也会受热蒸发，直接影响测试精度，因此在测定水分前必须进行干燥处理，特别是在湿度较大的环境条件下，这项工作务必进行。

干燥处理可在仪器内进行，把要用的秤盘全部放进仪器前部的加热室内，打开红外线灯约5min，然后关灯冷却至常温。安放秤盘的位置应有利于水分的迅速充分蒸发，秤盘可以分别斜靠在加热室两边的壁上，千万不要堆在一起。

(2)称取试样　称取试样必须在常温下进行，可以采取以下两种方法：

①仪器经干燥处理冷却到常温后，校正零位，在仪器上对试样进行称量，按选定的称量值把试样全部称好，放置在备用秤盘或其他容器内。

②试样的定量用精度不低于5mg的其他天平进行。这种取样方法尤其适用于生产工艺过程中的连续测试工作，能大大加快测试速度，并且可以使干燥处理和预热调零工作合并进行。

注意：由于本仪器内的天平是10g定量，投影屏上的显示为失重量，最大显示范围是1g，所以天平的直接称量范围是9～10g。当秤盘上的实际载荷小于9g时，必须在加码盘内加适量的平衡砝码，否则不能读数。

例如：在仪器内称取3g的试样，先在加码盘内加上7g平衡砝码，再在秤盘内加放试样物质，直至零位刻线对准基准刻线，这时秤盘内的试样净重为3g。试样物质加上砝码的总和等于10g(此时投影屏内显示值为零)。若经加热蒸发，试样失水率大于1g，且投影屏末位刻线超过基准刻线无法读数时，可关闭天平，在加码盘内再添加1g砝码并继续测试，以此类推。在计算时，砝码添加量必须包括在含水率内。

(3)预热调整　由于天平横梁一端在红外线辐射下工作，受热后会膨胀伸长，改变常温下的平衡力矩，使天平零位漂移2～5分度。因此，必须在加热条件下校正天平的零位。消除这一误差的方法是在加码内加10g砝码，秤盘内不放试样，开启天平和红外线灯约20min后，等投影屏上的刻线不再移动时校正零位。经预热校正后的零位，在连续测试中不能再任意校正。如果产生怀疑，应按上述方法重新检查校正。

(4)加热测试　水分快速测定仪经预热调零后，取下10g砝码，把预先称好的试样均匀地倒在秤盘内，当使用10g以下试样时，在加码盘内加适量的平衡砝码，然后开启天平红外线灯泡开关，对试样进行加热。在红外线辐射下，试样因游离水分蒸发而失重，投影屏上刻度也随着移动，若干时间后刻度移动静止(不包括因受热气流影响，刻度在很小范围内上下移动)。标志着试样内游离水已蒸发并达到了恒重点，此时重新开启开关旋钮，读出记录数据后，测试工作结束。当样品的含水量不大于 1g 并使用 10g 或 5g 的定量试样时，在投影屏内可直接读取试样的含水率。当样品的含水量大于 1g 时，应如前所述，关闭天平添加砝码后，继续测试。通过调节红外线灯的电压来决定对试样加热的温度，对于不同的试样，使用者应通过试验来选用不同的电压；测试相同的试样时，应用相同的电压；对于易燃、易挥发、易分解的试样，先选用低电压。如果试样在加温很长时间后仍达不到恒重点，可能是在试样中游离水蒸发的同时试样本身被挥发，或由于试样中结晶水被析出而产生分解，甚至被溶化或粉化，某些物品在游离水蒸发后结晶水才分解。如图 5-15 所示，在试样的失重曲线上会有一段恒重点，可用低电压加热，使这段恒重点适当延长，便于观察和掌握读数的时间。

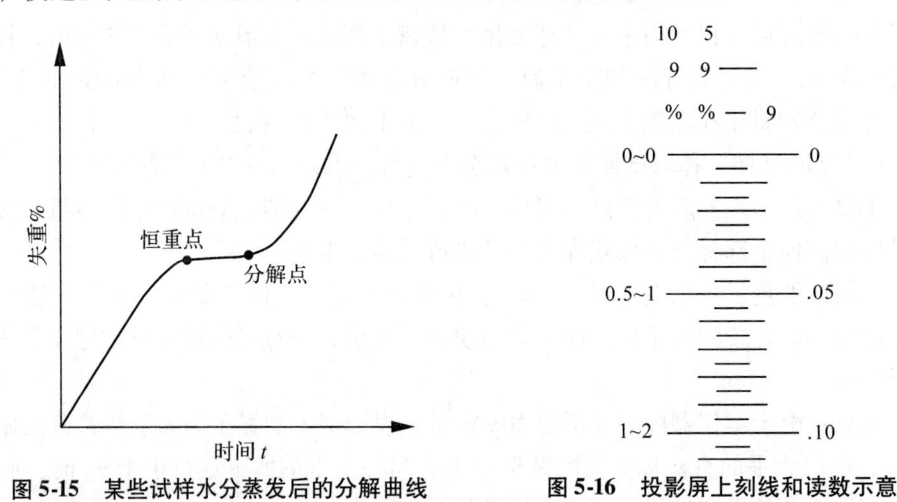

图 5-15　某些试样水分蒸发后的分解曲线　　**图 5-16　投影屏上刻线和读数示意**

(5)读数及计算　仪器光学投影屏上的数值和刻度如图 5-16 所示。微分标牌有效刻度共 200 个分度(不包括两端的辅助线)，它从左往右在垂直方向上分三组数值，按不同的取样重量或使用方法，代表了三种不同的量值。左起第一组，用于使用 10g 定量的试样测定，分度值 0.05%，200 个分度合计为 10%。左起第二组，用于使用 5g 定量的试样测定，分度值。0.1%，200 个分度合计为 20%。右起第一组，用于取样和使用 10g 以下任意重量的试样测定，分度值 0.005g，200 个分度合计为 1g。当含水量大于 1g 时，在加码盘上已添加了砝码时，要和投影屏的数值一起合并计算，方法如下。

①当使用 10g 或 5g 的定量测定方法时：

$$\delta = K + \frac{g}{G} \times 100\% \tag{5-13}$$

②当使用 10g 以下任意重量的测试方法时：

$$\delta = \frac{K + g}{G} \times 100\% \tag{5-14}$$

式中 δ——含水率(%)；

K——与测试方法相应的读数值[注意：式(5-13)K的单位是%；式(5-14)K的单位是g]；

G——样品的质量(g)；

g——加码盘上因含水量超过1g时添加的砝码质量(g)。

参考文献

大连理工大学化工原理教研室. 2008. 化工原理实验［M］. 大连：大连理工大学出版社.

单廷亮，胡仰栋，安维中，等. 2008. 基于优化的反应精馏塔简捷设计[J]. 化学工程，36(6)：1－4.

邓修，吴俊生. 2000. 化工分离工程[M]. 北京：科学出版社.

丁楠，吕树申. 2008. 化工原理实验［M］. 广州：中山大学出版社.

杜卫刚. 2006. 转子流量计的使用特点及换算方法［J］. 天津化工，20（6）：62－63.

冯震恒，张忠诚. 2010. 乙酸乙酯生成过程的间歇反应精馏的模拟和优化[J]. 山东大学学报(工学版)，3：154－158.

韩冰，徐之平. 2008. 强化换热的方法及进展[J]. 能源研究与信息，24(4)：233－237.

侯凤云，吕清刚，那永洁，等. 2007. 湿污泥颗粒的流化床干燥实验及模型[J]. 过程工程学报，4：646－651.

胡秀英，郑纯智. 2011. 开放式化工原理实验教学模式研究［J］. 实验科学与技术，9（2）：111－113.

黄惠华，王绢. 2014. 食品工程中的现代分离技术[M]. 北京：科学出版社.

黄习兵，姜斌，张志恒. 2006. 斜孔梯形浮阀塔流体力学和传质性能[J]. 化学工业与工程，23(4)：312－316.

金丽梅，潘志强，孙旭蕊，等. 2010. 流化床干燥甘蓝的研究[J]. 食品研究与开发，12：59－62.

李柏春，张昌伟，段贵贤. 2010. 催化精馏合成乙酸丁酯工业实验[J]. 化工进展，29(9)：1785－1789.

李群生，马文涛，张泽廷. 2005. 填料塔的研究现状及发展趋势［J］. 化工进展，24(6)：619－624.

李群生，杨明，李伟峰，等. 2010. 双曲型搞笑规整填料的流体力学和传质性能［J］. 北京化工大学学报，32(2)：21－24.

李群生，于丹，胡晓丹，等. 2010. 四种不同比表面积双曲型高效填料的流体力学与传质性能［J］. 化工进展，29(10)：1852－1856.

李阳，付海明，赵友军，郭配山. 2007. 固定床颗粒层过滤效率的正交试验及回归分析[J]. 过滤与分离，17(2)：9－11.

李云雁，胡传荣. 2005. 试验设计与数据处理[M]. 北京：化学工业出版社.

刘丹赤. 2013. 食品工程单元操作[M]. 北京：中国轻工业出版社.

吕建华，张文林，刘继东，等. 2006. 往复振动筛板萃取塔萃取机理研究进展［J］. 天津化工，20(2)：3－5.

邱挺，黄智贤，程春庵，等. 2008. 催化精馏合成乙酸丁酯的工艺研究[J]. 化学反应工程与工艺，24(6)：545－550.

屈岩峰，王腾宇，李红玲，等. 2009. CO_2超临界萃取技术提取刺玫果籽油及其抗氧化性的研究［J］. 食品工业(2)：8－10.

石彦国. 食品挤压与膨化技术[M]. 北京：科学出版社，2011.

时钧，汪家鼎，余国琮，等. 1996. 化学工程手册［M］. 北京：化学工业出版社.
史伟勤. 2013. 真空冷冻干燥技术与设备[M]. 北京：中国劳动社会保障出版社.
宋玉卿，于殿宇，张晓红，等. 2007. 大豆胚芽油的超临界 CO_2 萃取研究[J]. 食品科学，28(10)：293－297.
唐正姣，欧阳贻德，陈忠. 2004. 恒压过滤实验数据处理的探讨[J]. 化学工程师，106(6)：21－22.
王建成，卢燕，陈振. 2007. 化工原理实验［M］. 上海：华东理工大学出版社.
王小华，增翠莲，刘志雄，等. 2009. Origin 处理化工原理实验数据［J］. 化学工程与装备，7：237－239.
王照勇，金耀辉，何钱鑫，等. 2007. 板式精馏塔实验性能测试[J]. 化学工程师，21(2)：45－47.
王志魁，刘丽英，刘伟. 2010. 化工原理[M]. 北京：化学工业出版社.
伍钦，邹华胜，高桂田. 2006. 化工原理实验［M］. 广州：华南理工大学出版社.
武汉大学. 2005. 化工基础实验[M]. 北京：高等教育出版社.
夏清，陈长贵. 2005. 化工原理(上、下)［M］. 天津：天津大学出版社.
邢程，孟继安，李志信. 2009. 螺旋转子的结构参数对管内换热影响的数值研究[J]. 化工学报，60(12)：2969－2974.
银建中，刘毅. 2008. 天然产物超临界流体萃取过程动力学分析[J]. 高校化学工程学报. 22(2)：216－222.
张里千. 2009. 正交设计方法在过滤实验中的应用[M]. 北京：科学出版社.
张丽琴，吴云龙，曾义红. 2006. 乙酸乙酯反应精馏生产工艺模拟研究[J]. 上海化工，10：10－12.
张永，钟宏，谭鑫. 2010. 反应精馏应用进展[J]. 石油化工应用，29(9)：1－5.
张永秋，林清宇，易凯，等. 2009. Φ42mm 换热管内置铝制扭带强化传热特性的研究[J]. 化工设备与管道，46(1)：20－22.
赵朝晖，尚小琴. 2009. 化工原理设计性实验教学的探索与实践[J]. 广州化工，37(6)：209－211.
赵朝辉. 2009. 精馏设计性实验教学改革与实践［J］. 广东化工，197(36)：217－237.
赵思明. 2013. 食品工程实验技术[M]. 北京：科学出版社.